環境と経済がまわる、森の国ドイツ

mayumi mori
森まゆみ

晶文社

環境と経済がまわる、森の国ドイツ　もくじ

iii 市民の手で電力を

至ベルリン
チェコ共和国
エアランゲン
ニュルンベルク
シュヴァンドルフ
ヴァッカースドルフ
マックスヒュッテ
レーゲンスブルク
ドイツ
ミュンヘン
ザルツブルク
オーストリア
インスブルック
20 km

N
E
S
W
ヴェルシュタット
フランクフルト
マインツ
マンハイム
ハイデルベルク
カールスルーエ
シュトゥットガルト
ライン川
ストラスブール
ウルム
フランス
フライブルク
フェッセンアイム
マウエンハイム
ジンゲン
シェーナウ
ボーデン湖
ブレゲンツ
ヴィンタートゥール
バーゼル
ドルンビルン
チューリッヒ
ヒッティサウ
スイス
リヒテンシュタイン

装丁・レイアウト　矢萩多聞

まえがき

この本はこれからの日本での暮らしを手探りするためのものです。

直接的には、『シェーナウの想い』というドキュメンタリー映画を二〇一二年の五月にご近所の「谷中の家」で行われた「月一原発映画祭」で見たことに端を発しています。

二〇一一年の三月一一日の東日本大震災の地震と津波、それに引き続く東京電力福島第一原子力発電所の過酷事故は、私たちの暮らしに大きな疑問を突きつけました。原発に全電力の三〇パーセントも頼って暮らしていいのか。東北で作った電力を東京でたくさん使っていいのか。安全でエコな電力という宣伝がされ、日本の技術力があれば原発は安全で、チェルノブイリのような過酷事故（一九八六年四月）は起きるわけはないと、多くの人が思わされていた。しかし事故は起きてしまった。

これからどこに住み、何を食べればいいのか。福島の故郷を失った人々のために何ができるのか。チェルノブイリから二十数年、原発は危ないと思いながら、それを止める行動をしていなかった、と私もほぞを噛む気持ちでした。

しかし反対だけ言ってもしかたない。新しいエネルギー供給と消費はどうあるべきだろうか。悶々としていたときにドキュメンタリー映画、『シェーナウの想い』を見たのです。ドイツの南西部フライブルクやスイスのバーゼルからも近い二五〇〇人の自治体（シュタート）シェーナウで、独占的な電力会社に抗して市民が再生可能エネルギーによる電力会社を立ち上げたという希望の持てる、明るい映画でした。ぜひとも現地を見学したい、と私は思いました。

折しも静岡でみかん山を持つ友人、山梨通夫さんが、年に一度のミュンヘンのビール祭りオクトーバーフェスト（一〇月祭）に仲間と行くといいます。しかもエアランゲンでお世話になる清水里美さんは、環境ジャーナリストでもあり、ドイツのヴァッカースドルフに作られそうになった使用済み核燃料の再処理工場に反対したイルムガルト・ギートルさんの映画の字幕を付けていました。

同時期に、ミット・エナジー・ヴィジョン（MIT Energy Vision）というドイツ・オーストリア・スイスを現場に活躍するジャーナリストたちが主宰する環境セミナーもあると紹介されました。

以前から仕事上のおつきあいのある『通販生活』の編集者神尾京子さんに相談したとこ

ろ、誌面への寄稿を依頼され、旅費の大部分を出してくださることになりました。思い切って行くことにしました。彼女の要望はドイツの普通の人々の暮らしをよく見て報告してほしい、ということです。ドイツ在住のたくさんの人々にメールでアポイントメントを取りました。

肝心のシェーナウでの市民エネルギー会社の取材申し込みが一番の難関でしたが、これも神尾さんがフライブルク在住で、今まで何回かシェーナウへの視察をアテンドした熊崎美香さんという若手の女性ジャーナリストを見いだしてくれました。すべてを整え、小型の映像機材とデジタルカメラと小さなノート型パソコンを持って、私は二〇一二年九月二八日に成田空港からドイツへ旅立ちました。

ドイツ環境紀行

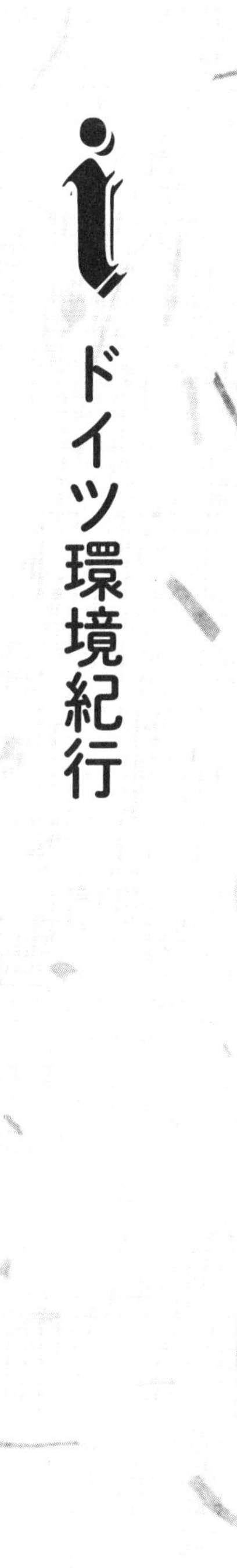

旅のはじめに

一九七二年に私は高校生としてローマクラブのデニス・H・メドウズらの報告「成長の限界」を読み、震えました。そこには地球上の化石燃料はじめ資源は有限で、このままの人口増加や環境を汚染する生活を続けると「宇宙船地球号」は一〇〇年で限界に達するということが書かれていました。

一九七九年に結婚した私は、三人の子どもをお金のない中で育て、バブルの時代とも縁がなく、「物を買わない暮らし」「かせがず使わず」という生き方を続けてきました。お金にはならないが納得のいくやりたい仕事、地域雑誌『谷根千』を発行していたからです。地域雑誌は二〇〇九年に使命を終えて休刊、そのあとは文筆業だけで細々と暮らしてきました。

二〇一一年三月一一日、東日本大震災が起こり、引き続き、東京電力福島第一原子力発電所の緊急事態宣言が発令され、一二日には一号機、一四日には三号機で水素ガス爆発が起こりました。私は地震の直後に九州に出張していましたが、二一日まで帰りませんでした。福島第一がどうなるか情況がわからなかったからです。正直言って怖かった。子どもたちのうち二人はたまたま東京にはおらず、和歌山とニューヨークにいました。もう一人は大人である自分の責任で東京に残るといいました。東京に帰って三月二七日、初めての市民による脱原発デモに参加しました。

一九八六年、当時ソビエト連邦であったウクライナ共和国のチェルノブイリ原発の大事故のあと、幼い子どもの手を引いてデモに参加したのをまざまざと思い出しました。地域の谷中で岸田衿子さんたちと原発と事故の学習会を組織したことも。プルサーマル輸送反対のデモや学習会に行き、甘蔗珠恵子（かんしゃたえこ）さんという主婦の方が書いた『まだ、まにあうのなら』というパンフレットを何十部も頒布したことも。

それなのに、私はその後、その問題を忘れ、原発に対してはなんとない不安感を感じながらも、積極的な反対を表明することはありませんでした。その間に二四基だった原発は、五四基まで増えてしまいました。

油断していた、間に合わなかった、という慚愧の念が私を浸しました。そして双葉町や大熊町はじめ福島のいくつかの自治体の住民は原発事故によって故郷を失い、周辺自治体も相変わらず高い放射線量に苦しんでいます。そのことに悩んで命を絶った方もいます。原発はもうこりごりだ、できるだけ節電するから原発はやめてください、というのが私をはじめ普通の生活者の気持ちだと思うのですが、それでも日本の財界や政府は原発を諦めようとはしません。

これとは対照的に、ドイツでは中道右派のメルケル首相が、それまでは原発推進で老朽原発の稼働延長をいっていたのに、福島第一原発事故の直後の三月一四日に古い原発を七基止めました。さらに五月三〇日に「二〇二二年までに国内一七基のすべての原発を閉鎖する」と言明。さすがに物理学者のメルケル氏には、ここで止めないと自分の政治生命はないということがわかったに違いありません。

なのになぜ、日本は当時、危ない砂上にある浜岡原発や、活断層上にある敦賀原発の危険性がいわれながら廃炉にしなかったのか。ドイツでは日本の原発事故をきっかけに二五万人のデモが行なわれたというのに、三月二七日の日本での最初の原発デモには一〇〇〇人くらいしか集まらなかったのが残念でした。日本では三月一四日から計画停電が始まり、いかにも「電気は足りていない」という宣伝がされました。福島産の電気を東京で享受してきた自分が何とも歯がゆく感じられました。いくらできるだけ使わないといっても。東京に住むわれわれは東京電力の電気を使うしかないのです（二〇一六年四月から電力自由化により、他の会社の電気を使うこともできるようになった）。

私は文京区白山で映像ドキュメントという自主メディアに参加して、地域や沖縄に関する映像を撮り続けていました。三・一一以降は三月二七日の原発反対デモを取材したり、原発のある地元へカメラをかついで行きました。志賀原発、浜岡原発、女川（おながわ）原発、上関原発予定地の対岸の大分。どこにも原発を憂慮する友人がいて、紹介したり車を運転して連れて現地に行ってくれました。二〇一一年、五月九日に浜岡原発の停止が決定されました。

並行して原発関連の映画やテレビ番組もたくさん見ました。六月には主宰する「谷根千記憶の蔵」を会場に「核とわたしと原子力」という地域映画祭を開催。その映画選びのために毎日のように見ましたが、NHKはじめ、これまで警鐘のように素晴らしいドキュメントは作られていたのです。南太平洋ビキニ環礁のそばに住んでいた漁民の暮らし、ウラン鉱山の近くの住民の暮らし、慄然とするような映像ばかりでした。

しかし私はこれらのドキュメンタリーを見れば見るほど、原発を動かす闇の力、情報隠ぺい、弱者に一番被害が集中するのに原発開発を止められないことなどに落ち込みました。

そのあとに『シェーナウの想い』を見たのです。私たちの進むべき道をこの映画が照らしてくれるような感じを持ちました。

雑誌『考える人』の「ドイツ人の賢い暮らし」という特集のために、二〇〇五年にもドイツに行ったことがあります。いままで、ドイツの主婦の合理的で倹約な生き方などを書いた本もいくつかありました。でも今回は、原発事故の後、私たちはどう生きなければならないか、その切実な課題を見極めてこようと思いました。

どうぞ、一緒にドイツを旅してみてください。

三角屋根の家が続く、チロル地方。ミュンヘンから入って、最初の宿泊地となったところ。

1 チロルの山の暮らし

二〇一二年九月二八日　飛行機でミュンヘンへ

朝一〇時まで仕事、一〇時四五分のスカイライナーで成田へ向かう。午後一三時半のKLMオランダ航空に乗る予定。これが一番チケットが安かったので。

同行の山梨通夫さんたち、新幹線こだまが故障で動かず、彼らの成田到着は一三時ちょうど。はらはらしたが、してみると国際線は二時間前にチェックインを促しているものの、三〇分前到着でもギリギリ乗れるということか。

山梨さんと奥さんの智恵子さん、お二人の友人土屋律子さん、小柳津君枝さんは初めて会う人々、この四人が旅の仲間だ。

KLMは何度も乗っている好きな会社だが、あいかわらずスチュワーデスは背も高くボリュームたっぷり。年齢、容姿で差別されないのはまことによろしい。機内食、いつも肉でなく魚を頼むのだが、今日は品切れ。ホテルオークラのシーフードフライでございます、なんていったら、みんなそちらを頼むに決まっている。ワゴンが私の席に回ってきたときにはチキンしかなかったが、まずまず。シーフードの前菜もついていたし。

いつものように飛行機では眠れない。後方ガラガラなので席を移る。運よく三席占有するも、シートベルトを付けたまま横になるのはむずかしい。途中、アイスクリームのサービスあり。映画を四、五本見る。刑事もの、アクション、異星人、マフィアものが多く、あまり見たいとも思わない。エコノミー席は画面と目が近く、くたびれる。眼病の私にはよくない。あきらめて、持って来た石牟礼道子『苦海浄土』を再読。

アムステルダムではEU入国審査の女性が、「あなたは三週間もドイツだけにいるつもり?」と聞いた。「はい」。ハブ空港のスキポールで乗り換えを待つ間、空港内をぶらぶらする。秋だからオイスターバーに人がいっぱい、生ガキできりっと冷えたワインもいいなと思うが行きは胃を大切にしよう。ハイネケンビールを一缶飲む。乗り換えたミュンヘン行きの小さな細長い飛行機はものすごく速かった。

ミュンヘン空港を出ると、ドイツ人の太ったおばさんが山梨通夫さんだからか「みっちゃん」とひらがなで書いた大きなプラカードを持って立っていた。手にはヒゴで編んだかご。私は助手席に座った。ミュンヘン生まれだが、郊外に越してチロルの山に貸し別荘を持っているらしい。それが今日の私たちの宿だ。

四〇年英語を習っているというが、パーキング代を払うのに「アイ・ゴー・ペイ」(行って払って来る)という。私もそう変わらないけど。アウトバーンを走り出す。道路標識はきわめて明確、絵のサインもわかりやすい。日本のように高いガードレールがなく風景も広々、しかし国土のかなりの部分をハイウェイに使っているものだと思う。これはヒットラーの頃から整備された道路だそうな。道路脇の電光板に出る制限時速は八〇キロになったり、一〇〇キロになったり、一二〇キロになったり。

小さな町らしきところをすぎると、夜も一一時半なのにパブに光が灯り、人がいっぱいなのが見えた。レストランもまだ開いている。到着した家は夜でよく見えないながら、なんの変哲もないぼかんとした大きな木造。一階のドアをあけると螺旋階段があり、上の階にキッチンと居間と風呂と寝室があった。

そのうえの三階にも天窓のついたベッドルームが三つ。木のベッド。おばさんは私たち一行をジロジロ眺め、どういう関係かを探り、誰がここに寝るとよい、などと割り振って帰って行った。

九月の終わりなのにかなり冷える。暖房はセントラルヒーティングでスチームだ。シャワーとサウナまである。エアランゲンから先に到着していた山梨さんの長い友人、翻訳家であり環境問題に詳しい清水里美さん、貸し主のおばさんを批判する。清水さんとはこの夏に来日したときに東京で会った。会ってすぐ気が合う感じがした。ものをはっきりいうし、辛辣だがさっぱりしている。

「貸し主は本当は中まで入ってきちゃいけないの。寝る場所を指図するなんてとんでもない。バイエルン州はナチスの本拠地だったくらいだから、アジア人を下に見ているのよ。ミュンヘンも嫌い。ゲイの人もベルリンの方が幸福よ」

とズバズバいうので、みんなで笑ってしまった。

夜中一時にベルリンから、カーステン・マルチンコースキーさんと利子さん夫妻が、二人の娘さんユナ（優奈）さん、アイカ（愛花）ちゃんを連れて到着。利子さんは静岡出身で山梨さんの長い友人だそうだが私は初めて。旅の興奮もあって寝付かれず、ビールを飲みながら明日どこに行くかを相談する。私はお先に失礼したが、みっちゃん（通夫さんはプラカードのせいでみんなからみっちゃんと呼ばれることになる）と里美さんの声が枕元にずっと響いていた。そのうち眠ってしまう。朝になってみたらカーステンさんたちが持ってきたのだろう、冷蔵庫にチーズとワインとハムや牛乳がどっさり入っていた。

九月二九日　スーパーでお買物

朝、七時に目が覚める。窓の外は針葉樹の森だ。体が冷えるのでお風呂にお湯を張って入る。昔は体がほてるタイプだったが、五〇代に入って原田病というめずらしい自己免疫疾患にかかって以来、冷え性になっている。バスタブは日本の半分くらいの高さ、ゆっくり肩までつかるという感じではないが、湯は節約できる。そのかわり洗い場がないから中で石けんで体を洗うしかない。ひとり一回しか湯が使えないのはもったいない。

あとで使う人のことを考え、バスタブをきれいに清める。トイレはウォシュレットはなし。エンジニアのカーステンさ

買い物リストをもって、スーパーへは買い物に行く。すべて量り売りなので、必要な分だけ買うことができる。

んに聞くと「お尻は紙で拭けばいいからそんなものは必要ない。便座を暖めるなんて気持ち悪い。だいたい水に近い所に電気を通すのは危険だ」という。なるほど。日本では公共トイレにすらウォシュレットがつき始めている。これ、私も不要と思う。

ここはチロル地方、オーストリアのザルツブルクに近い別荘地。私たちの借りた別荘は朝になってよく見ると、建物の一階にカフェとスポーツクラブとスキー学校が入っていて、二階と三階が貸別荘になっているのだった。おばさん、資産家だなあ。

スーパーに買い物に行く。私は地域の市場やスーパーで普通の人が使う日用雑貨や食品を見るのが好き。朝八時から夜一一時まで開いている。さすが勤勉といわれるドイツ人、朝は七時くらいから働き、一〇時くらいにコーヒーとパンを「二度目の朝ご飯」でスーパー入り口のカフェで食べるという。おいしそうなデニッシュがたくさん並んでいた。まあ、大工さんなどの取る小休止、お十時ということか。

スーパーはみんな量り売り、リンゴもレモンも芋もパプリカも必要なだけ買う。オーガニックの野菜は少し高い。カートは一ユーロ払ってとる（使い終わるとお金を返してくれる）。水は一・八リットルで一九セントと安い。だいたい一ユーロが一〇〇円（二〇一二年）だから一九セントは一九円くらい。ガス入り、ガスなしがある。メーカーでいうとヴィッテルの水はやや高い。デポジットのシステムがあって中身が一九セントだが、容器代が二五セント、計一ボトル四四セントをスーパーで払うが、ペットボトルを返すと二五セント帰ってくる。都市部では塀の上に空の容器を載せておけば、ホームレスの人が喜んで収入にするという。あるいは子どもの小遣い稼ぎにもなる。ついでに環境教育にもなる。

ミルク、ヨーグルト、サワークリーム、オリーブオイルなどを買う。買い物はみんな買う物のメモを持って来て、それを見ながら買っている。私のように衝動買いはしないらしい。ビールは地ビール、ワインはイタリアやオーストリア産が人気だとか。

町で会う目の鋭い、色の濃い、オオカミみたいに精悍なバイエルン人は、オクトーバーフェストなので民族衣装を着ている。女性は白いちょうちん袖のブラウスに黒いフレアスカート、刺繍入りの胸当て。男性はピンタックをとった白いシャツに半ズボン、羽根飾りのついたコールテンの帽子。スーパーから帰って朝食にする。ヴァイスブルストというこの地

回収機に空のペットボトルを入れると、25 セントが返ってくる。回収機はスーパーの入り口などに置いてある。

方独特の白ソーセージを食べる。ゆでて皮を剥き、甘いからしを付けて。おいしい。マーマレードは英国製だ。パンもバイエルン地方独特のもの。芥子の実がついた丸いパンだ。スーパーのパンは前ほどおいしくないので、最近は自分で焼くと里美さん。

土屋律子さんが作ったみそ汁をお皿に入れ、スプーンで飲んでいる。ユナさんは一四歳、カーステンさんの娘たちはみそ汁も飲む。異国でのみそ汁は妙にうまい。カーステンさんの中学二年生。大人っぽく見えるというと、里美さん、「そうお？　しっかりしているけど、日本の中学生のようにひねたところがなくずっと純だと思うわ」という。「ドイツの子どもたちは老人に席も譲るし、荷物も持つ。自分でいいと思ったことはする、人にどう思われるかとか考えない」という。みんなでものすごくよく食べ、よくしゃべった。しゃべりにきたようなものかも。一〇時半にお腹いっぱい。

せっかく来たのだからどこかに行こう。これからチロルの山を歩くことに決定。一〇人で動いているし、ことに目的があるわけでもないので、事態と行動方針をみんなが理解するのに時間がかかり、出発は一時になる。山の下まで芝生の上を歩き、登山口で名前と生年月日を書く。膝を痛めている山梨さんと小柳津さんはロープウェイ、残りの連中は歩き出したのはいいが、私など行程の三分の一で疲労困憊、もう足が前に一歩たりとも出て行かない感じとなった。
二、三歩歩いて立ち止まり、景色を見る。そのたびに健脚のドイツ人に追い抜かされる。アルプスの少女ハイジが出てきそうな赤い屋根の家々、教会、館が見え、ハンググライダーが悠然と空を行く。歩き出すと下着が汗びっしょり、でも下着はスポーツ用品店で買ったウールなので風通しがいい。
先陣はほっそりして身の軽い山梨智恵子さんと清水里美さん。結局、私はそれでも歩き組の三着、着いたらロープウェイ組はドゥンケルという琥珀色のビールを飲んで待っていた。ドイツに来たらビールにかぎる。お店で頼むと水よりも安いくらい。チーズ味のディップにあたた

緑があふれるチロル地方の別荘地。ベビーカーや自転車専用のスロープが工夫されている。

かいプリツェルを付けて食べる。団子をバニラスープに付けたのもある。なんでも不思議においしい。

家に帰り、お風呂で体を温め、夕食は小麦の香りの立つ大好きなヴァイスビールで、ベルリンっ子カーステンさん御得意の焼きチーズとサラダ三種、マッシュルームの炒め物にカボチャのスープ、みんな体に優しい。一〇人いると料理の好きな人、得意な人がいてくれて、こちらは食べるばかり。

カーステンさんの姓マルチンコースキー家はポーランド系、むかしポーランドに王様がいた頃からいる家系だそうだ。

九月三〇日　ドイツの教育環境

朝、ヴァイオリニストの堀米ゆず子さんのストラディヴァリウスのヴァイオリンが税関で骨董品持ち出しとして引っかかり、億を超える関税を請求された話になる。清水さん曰く「ドイツでは法律がすべて。買ったときの証明をもっていないといたしかたない。いくらヴァイオリニストだって、むやみと骨董品を国外に持ち出してはいけないってことになる。私も日本で買ったビデオは日本では税金を払っているだろうけど、ドイツには払っていないと請求されたことがあるわ。

液体類はスーツケースにいれる。空港ではたくさん売っているけど、ハムやソーセージは国外に持ち出さない方がいい。犬がいて摘発されるもの。

飼い犬がいる人は、犬税を払っている。愛犬家の心情はどこでも同じ。うちのわんちゃんは絶対人を噛んだりしないからというけど、けっこう噛む事故が多い。かと思うと税金を払っているのだからいいじゃないかと犬の糞の始末をしない人も多い。困りものね。だけどドイツでいいと思うのは動物愛護のために、生後すぐの小犬を母犬から離して、半年や一年は売ってはいけないこと。日本でもそうすべきだと思うわ」

聞きたいことがあった。「今は日本ではとっても多くて問題になっているんだけど。ドイツでは不登校とかないのかしら。いじめはないの？」意外な答えが返ってきた。

「不登校の場合、それは親が法律に定められた教育に対する責任を怠っていることになる。警察がきて、子どもにセラピーを受けるようにいい、だめなら子ども病院に入れてしまう。一方学校は教育をするところでしつけをするところではないから、いじめについて学校は責任はない。それは生徒相互の問題だから学校は不介入。いじめられたら転校をするしかないわね。ある知人の家族はアメリカに移住したわ」

静岡出身の利子さん、通称トコラさんは言う。

「不登校はあり得ない。出席しないと進級もできないから。うちでも学校が休みに入る前、たとえば一日早く日本に帰れば、きっぷが安いけど本当はそれは認められない。学校を休ませるときには合理的な理由が必要で、おばあちゃんのお誕生日とか金婚式のお祝いとかなら、人より早く行くことが認められる。うちの子は日本にいる間に日本の学校が休みでなければ、学校へ行かせているんだけど、そのさい上履きや制服、体操着まで同じものをそろえなければならないのが大変」という。

ドイツでは登校時の服は自由だし、体操の時間は自前のTシャツと短パンでいいそうだ。反対に遅刻や欠席には厳しく、三回遅刻したら落第したと新聞で読んだことがある。前にイエナのご家庭にホームステイさせていただいたことがあった。そのとき、隣の高校生が「ラテン語の試験に合格したよ!」と喜んで飛び込んできた。今でもラテン語をやっているんだ、と驚いた。

そしてドイツは大学教育はその頃タダだった。そのため、長年在籍だけして学割などの特権を悪用する学生がいることもあって、今ではタダではなくなったが、日本に比べるとずっとずっと安い。オーストリアもタダだった。ザルツブルクで会った通訳の日本女性は「離婚した外国人である私が三人の息子をみんな大学を出せたのは、彼らのやる気ももちろんですが、学費がタダだったからで、本当に感謝しています」と言っていた。

2 再処理工場に反対したギートルさん

九月三〇日　主婦から活動家へ

朝、八時五〇分の電車でマックスヒュッテという人口一万人の小さな町に行く。ミュンヘンとレーゲンスブルクで乗り換え、着いたのは一二時五〇分、地図で見ると近いのに四時間もかかった。ドイツの鉄道はじつに悠然と走る。

ヴァッカースドルフ核廃棄物再処理工場反対で六年間も戦い続けた伝説的女性、八〇歳のイルムガルド・ギートルさんに話を聞く約束だ。同行の四人の友人たちも一緒だった。各原発の使用済み核燃料の再処理はいまフランスのラ・アーグやイギリスのセラフィールドで行なわれている。その近辺では健康被害が起きていることが報じられている。日本の使用済み核燃料もそうやって再処理され、また船で日本まで戻されて来る。

ヴァッカースドルフの核廃棄物再処理工場の反対運動をしていた伝説の女性、ギートルさんと、旅の仲間たち。

彼女が登場するドキュメンタリー『半減期』に清水里美さんが字幕を付けたのが訪問のきっかけだった。ギートルさんは駅に迎えにくるということだったが全然来ない。連絡の行き違いで近くのカフェで五〇分待っていたのだった。

血色の良いふくよかなギートルさんは金色の短い髪で、茶色のセーターがよく似合う。でも筋金入りの闘士という感じはない。終わりよければすべてよし、カフェでようやく二時から清水さんの通訳でお話を聞くことができた。コーヒーを頼むと、持ってきた写真も一枚一枚見せてくれた。

――どこで生まれたのですか?

「私は一九二九年、ここから八キロ離れた農家に生まれました。マックスヒュッテは一万一〇〇〇人ほどの人口の町です。このへんは自然がたっぷりあり景色は美しいですが、農業以外に仕事はまるでありません。私は助産師になりたかったのですが、私が一九歳のとき、母が盲腸の手術のミスで亡くなり、つづいて父がバイクの事故で亡くなり、三人の弟たちの面倒を見なくてはならなくて勉強どころではなかったわ。畑仕事もやったしね。小麦とジャガイモを作っていたわ。野菜もすべて。職業訓練とか一度も受けたことはないです。当時はそれがドイツ人の女性としては普通でした」

――一九二九年生まれというと私の母と同い年です。とってもお元気でエネルギーを感じます。それでご結婚されたのは?

「一八五三年に二四歳で結婚しました。夫は三七〇〇人も労働者のいるマックスヒュッテの鉄工場につとめていたんですが、工場は原発の使用済み核燃料の再処理工場を作るからという理由で閉鎖されました。夫は器用で家を一人で作ったのよ。基礎工事も、窓を取り付けたり、私も手伝いました。三人の娘がいて、私は従順な専業主婦で、夫と一緒でなくてはどこにも行けないくらいでしたが、幸せに生活していました。日曜日には必ず教会に行くカトリック信者でした。ドイツ南部はカトリック信者が多いんです」

――原発というものを知ったのはいつぐらいですか？

「一九六〇年代後半、原発はドイツにもたらされました。グンドレミンゲン原発がはじめです。でも当時は原発は安全で有用なものだと宣伝されていたし、私も国家のやることは正しいと信じていました。何の疑いも持たなかった。一九八一年にこの近くのヴァッカースドルフに核廃棄物の再処理工場を作る話が持ち上がりました。ドイツにはいくつかの大きな電力会社があり、地域では独占体制でした。再処理工場が計画されたのはドイツでもここだけです。原発はあるのに、国内に核燃料の再処理工場がなかったのです。今でも再処理はフランスのラ・アーグとイギリスのセラフィールドでやってもらっているわけです。それでは不都合なのでドイツにも国内に必要だということになった。

国の政策に乗っかって、バイエルンの当時の州政府のシュトラウス首相が認可してしまった。ここの住民たちは保守的で従順だから、政府が何をしても言うことを聞くと思ったんでしょう。というわけで、地域住民の健康に影響のある再処理工場に反対する戦いは電力会社でなく、州政府が相手でした。そのとき私は目覚めました。主婦として母親として、この美しい小さな町を守るために立ち上がったんです。

この運動の前にも、人道的な理由から、ボランティアで、コソボ、コンゴ、スーダン、ユーゴスラヴィアなどからの政治的難民をかくまっていたこともあります。そのときは私には荷が重くて、精神安定剤を飲みました。

再処理工場反対と同じくらい大変な活動でした。私はキリスト教民主同盟（CDU）を支持したことはない。地域の独立を考える地域政党バイエルン民族党で活動してきましたが、だんだん社会民主党（SPD）支持になりました」

――ギートルさんが反対運動を始めた最初の人なんですか？

「ええ、そうです」ギートルさんはとても恥ずかしそうな顔でうなづいた。

「最初に反対を言い出したときに署名してくれたのは四〇人、しかし二週間のうちに署名はバイエルン州で一万まで増えていきました。『マックスヒュッテ再処理工場建設反対市民連合』という名前をつけました」

――具体的にはどのように運動を作ったのですか？

「まず学習会から始めました。三〇〇人くらい集まって物理学者の話を聞いたり。それを繰り返すうち、二週間後には五〇〇〇人、やがて一万人の大集会になった。ほとんど口コミで集まり、そして電話をかけ、芋づる式に仲間は増えていきました。一度、再処理工場で事故が起こったら大気も土も汚染され、何万年にもわたりどんな悲惨なことになるか、子どもたちの健康にどんな影響を与えるのか。わかりましたか、と勉強会のあとも一人一人に確認して回りました。最初はシュヴァンドルフに事務所を設け、八四年にマックスヒュッテにも事務所ができて、私が代表になりました。

毎週二回、バイエルン州の議会に抗議するために、鉄道で片道数時間かけてミュンヘンまで通いました。原発の現場も見に行きました。ハーナウの原子力発電所を見に行ったときに同行してくれたジャーナリストのロベルト・ユンク氏（『原子力帝国』〈日本経済評論社〉、『千の太陽よりも明るく』〈平凡社ライブラリー〉の著者）は『あなたたちの生活を破壊するものをあなたたちで破壊しなさい』と励ましてくれました。

結局八五万筆の反対署名を集めたのです」

――その頃もうお子さんたちは大きかったのですか？

「ええ。私は五五だったかな。それでも家事は全部自分でやってましたね」

――それにしても大変な数年間でしたね。

「あのときはドキドキして頭がおかしくなりそうだったわ。事務所にもヴァッカースドルフの建設予定地にも毎日のように通いました。家事は夜やりました。たくさんの人が支援にきてくれたし、二〇の団結小屋を造りましたが、三週間のうちに警察に壊されてしまいました。目の前でどんどん若者が叩かれ、半死状態になって逮捕されたので、ザルツブルクで抗議集会もしました。ダイインをしたのよ。でも自分の前にはまっすぐな道があった。原発も再処理もダメだと。それには確信がありました。毎日、州のシュトラウス首相（保守政治家・キリスト教社会同盟〈CSU〉）に抗議の手紙を書き続けてくれたオーストリア人の女性もいましたが、ドイツに来て出国したが最後、二度と入国できなくなった」

――教会も協力してくれたのですか？

「教会はいろんな考えの人がいるし、全員が味方というわけではありませんが、予定地として木が切られそうになったヴァッカースドルフの森の中に入るために、教会にも協力してもらいました。森の中に祭壇を作って毎週日曜日に祈りを捧げたんです。教会に集まるという名目で。そのときはパン屋さんがパンを提供してくれて、それを売ったりして毎週三〇〇～四〇〇マルクくらいはカンパが集まりました。それを電話代とか切手代とか活動費に使ったわ。日本人も応援に来てくれて私の家に泊まりましたよ。一九八二年から八八年まで六年間戦った。そして八五万人分の署名をミュンヘンまで、ここからバスで持っていきました」

――ギートルさんは捕まりそうになったことはありましたか？

「グンドレミンゲン原発で捕まったことがあります。八月に広島長崎を忘れないという行進がある。そのとき一回ダイインをしたとき逮捕された。そのときまでに私は反対運動の首謀者として名前が知られていたので、捕まっても私だとわかると不起訴になりました。大騒ぎになるからね。でも何人もの仲間が逮捕され、催涙ガスで失明したり、死んだ人もいます。ほんとうにつらい時代だったわ。ドイツには民主主義はないと思ったくらい。でも若い人たちががんばってくれた」

――旦那さんも支えてくださいましたか？

「もちろん。夫はほんとうにいい人で、人生で最高のパートナーだったわ。彼は一九歳で戦争にいき、負傷して帰ったのよ。戦争体験から警察や軍に恐怖感があって、デモに行くのも怖がった。その夫に『あんたたちが貰う年金はわれわれが払っている』なんて心ないことをいう人もいました。平手打ちにしてやればよかったわ。

私より優しすぎたのね、運動による精神的なストレスがたたり、胃がんで一九八五年に六〇歳で亡くなりました。その頃も今も難民支援の活動はしています。亡くなる前に『僕は先に逝くけどあなたはがんばってね』と言い残しました。

でも、全体に男より女の方が勇敢だったわね」

——一番つらかった時期はいつでしょう。

「運動の先が見えなかった時期が一番つらかった。抵抗してもあちら側はどんどん森の木を切って、金属の塀を建てたりしてた。毎日家に帰ると泣いていたわ」

——運動を大きく広げるのには何が大切でしょうか?

「運動を成功させるためには、徹底的に情報を流すこと。何でもマスメディアに公開して、みんなの前に明らかにすること。警察にも政府にも公開質問状を出して、みんなの前で返答をもらうんです。公にすると当局は手出しができません。メディアはいつでも来てくれた。こちらで招待もしました」

――日本では大きなメディアも地方紙も電力会社から広告をもらっています。なかなか真実を書けません。

「そうなのね。でも口コミも大事ですよ。子どもたちにも本当のことを伝えることが大事です。原発の禍根が何世代にもわたることを教えなければいけません。私が母親としてあのとき何もしなかった、戦わなかったじゃないか、と子どもたちに言われないようにね。

そして意見の違う人でも私的な感情を抑えて、仲間を一人も切り捨てないことが大事だと思います。私のような事を荒立てたくない従順な主婦も、運動に関わることで成長し、変わっていきました」

――仲間を増やす方法は。

「相手の共感を得るということ。ただ正しいことだから署名や集会に誘うというのでなく、まず、あなたを愛してる、あなたを友達だと思う、あなたの人生をともに考えたい、そういうところから始めなければ人は一緒にやってくれません。幸せな生活のためには再処理工場はいらないと。あの頃は支援にきてくれた人のために一度に一〇〇枚もパンケーキを焼いたこともあるわ。町の人もサンドイッチとか、いろいろ持ってきてくれた。

計画中止が決まったとき、日曜日に晴れ着を着てシュヴァンドルフに行ったら、町は喜ぶ人であふれていました。それから『核分裂過程』などの映画ができて、これに出演した私は三七回、各地で講演しました。それでいろんな人から町でも声をかけられるようになりました」

――ギートルさん自身も変わりましたか？

「そうねえ。三〇年ですっかり人の悪い人間になったわね（笑）。いろんな知恵がついちゃった。若い頃は人のいい、何も考えない、かわいい、満足している妻でした。いまはいろんなことを考え、何にでも疑いや不満を持ち、抗議もする。私を変えてくれたのは警察や原発推進派の人ね。大きなことに関わると人間は変わることができます。それには感謝しています。ドイツにはいまでもたくさんの問題があります。今大きいのは移民問題でしょうね」

東欧諸国から流入する人々は多く、またトルコからのクルド人難民はじめ亡命者といえる人々も多い。ドイツは過去の歴史に学び、移民を受けいれてきた。その寛大さは敬意に価する。しかしあまりに多くを受け入れた結果、それがドイツ人の社会と軋みを見せていることも事実だ。

――福島の事故を聞いて何を感じましたか。

「ほんとうにひとごとでなく胸が痛みます。前に一回、講演に日本に招かれましたが、年が年だからと断りました。福島の事故のあとで、娘婿に『お義母さんが日本に行かなかったからあんな事故が起こったんだ』と言われました。もちろん私が講演に行ったからって、事態は変わらないとは思いますけどね。ただドイツはもう原発停止について後退することはないでしょう。いまは緑の党がこの保守的な地方でも強くなって、政権も握っています」

――でもまだドイツで原発は動いているんですよね。

「そうなのよ。原発全廃が二〇二二年では遅すぎると私は思う。その前に事故が起きる可能性があります。でも希望は捨てていません。一人一人が原発はいやだといい続けることが大事です。

誰でもできることといえば節電は大事です。私も昔は毎日電気掃除機を家中かけたけど、いまは一週間に一回しかかけないわ。事故はいつ起こるかわからない。現実に小さな事故はしょっちゅう起こっているのだもの。日本は周りが海でよく風も吹くから、風力発電も使えるし、太陽光発電も、内陸部が多く、寒い陽の差す日が少ないドイツよりずっと有利でしょう」

――ドイツは脱原発を決めましたが、原発なしでやっていけますか。

「確かにドイツはフランスから電力を買っているし、売ってもいる。足りなくて買っているようなことばかり言うのはフェアではありません。しかも国内では使用済み核燃料の始末もつけられない。そんならやめるべきです。

フランスのラ・アーグとイギリスのセラフィールドの再処理工場を両方とも、私は見に行きましたが、使用済み核燃料の扱いのずさんさに驚きました。医師会や学者の会、農民の会にも出席しました。あそこの労働者は深刻に健康を害していました。再処理に反対して、フランス人の九〇歳の貴族も逮捕されましたが、自分の子孫のために戦ったんだから、喜んで逮捕される、誇りに思うと言っていました。

今、近隣諸国ではオーストリアだけが原発を持っていない。あそこも一度作ったのだけど稼働はしませんでした」

――オーストリアは社会民主党が強かったんですね。一度ウィーンに行ったときにあそこの市民たちが隣国チェコの老朽原発に反対して署名を集めているのに出会いました。

「イギリスは再処理はしていますが、原発からは撤退しようとしています。世界で一番最初の原発ができた国だけど。フィンランドやスウェーデンにも原発はあります」

――スウェーデンでも二〇〇六年にフォルスマルク原発一号炉であわや過酷事故が起きそうになったそうですね。そのことは日本では報道されていません。

「核のゴミをシベリアに送るという案もありましたが、もちろんロシアに拒否されました。あたりまえよ。持って行き場がなくなった核のゴミをドイツではヴァッカースドルフで再処理して埋めようとしたわけですよ。うまくいかずに、その後、国内のゴアレーベンを中間処分場から最終処分場にしようとしたけど、その地域の人々も反対しています。ここからゴアレーベンまで九〇〇キロを歩いて反対の行進をしたの。私も四〇キロあるいたわ、あとは電車に乗ったりしてあそこまで行きました。そこでは塩の元鉱山の地中深く、再処理された使用済核燃料を埋めようとしていたのだけど、それが地上に住む人たちの健康に何も害がないなんてことは誰にもわからない」

――運動の後はどう過ごされましたか?

「運動が終わったあと、社会民主党に『私も何か仕事がしたい』と言ったとき、みんな拍手をしてくれました。それで社会民主党事務局でも働きました。そんなところで働く人は高等教育を受けた教師とか弁護士みたいな人ばかりだったのです」

――ご家族は今どうしておられますか？

「娘の一人は建築事務所を経営しており、一人は化粧品の仕事。あと一人は一七年間、州議会事務所で働き、今は夫と会計事務所をしています。ドイツでは母親がよい主婦すぎると娘は怠け者になる、という格言があるけどそんな感じかな。みんな掃除は人に頼んでいるみたい。孫が五人、ひ孫が五人います。ひ孫は『私の大おばあちゃん』と言ってくれてかわいいわ。私も年を取ったから、運動は一段落させ、いまはここの喫茶店で毎週四回、編み物会をしています。一五人の趣味の仲間がいるのがしあわせよ」

そう語るギートルさん、快活な表情が夫のことを語る時だけ、曇り、涙がにじんだ。

前に志賀原発周辺で会った活動家の橋たきさんにどこか似ている。橋さんも元は普通の農家の主婦だった。反対運動に関わる中でどんどん強くなり、けっしてひるまない活動家になった。旦那さんを運動の渦中で亡くした。夫はやさしい人だった。支援に来る人のためにおにぎりをどっさり握ってもてなした。二人とも運動仲間の心も胃袋もつかんでいたのだ。

ギートルさんは自分で運転して、ヴァッカースドルフの計画地の現場にも連れて行ってくれた。そこはカフェから思ったより近かった。いったん切られた木も二三年経って深い森になっている。予定地だった場所はあと一キロ先だという。地主さんが土地を貸してくれて。作られた祭壇、戦いの中で催涙ガスで亡くなったり、ガンで亡くなったり、連行された人々の記念碑。その一つ一つをギートルさんは説明してくれた。これらは闘争中から作られたモニュメントだ。国はこの森のほとんどを買い占めたが、跡地には現在、一八〇度転じてソーラーパークを計画中だという。

「国家が土地を買い取ると言い出したときは、それも高く買うなんて言ったときは、なんか裏側に陰謀があることが多いから気をつけたほうがいい」と彼女はいった。「再処理工場はいらない」というハート型の工作物もあった。

「教会の神父様がみんなに石を配ったから石を投げろということかと思った。そうでなくて石を積んでモニュメントを作りましょうということでした」

「再処理工場は生きるもののすべてを駆逐する」という表示板も見えた。ギートルさんは手を組んで下を向き、じっと何かを祈っているようだった。

マックスヒュッテからチロルの村まで、帰りも四時間かかった。列車はバイエルンの民族衣装を着た、オクトーバーフェスト帰りの人々でいっぱいだ。汽車の中でもビールをがぶ飲みしている。ちょっと酔いすぎかも。帰りは夕方一八時一七分の列車に乗り、着いたのは二二時過ぎだった。片道四時間ずつで日帰りのインタビュー、長い旅だった。

夜、留守番をしてくれたカーステンさんに、赤ワインを飲みながら原発について話を聞く。エンジニアの彼は言う。

「どんな発電も危険でないものはない。その前はザール炭田などからとった石炭で火力発電をしていたが、ドイツでは炭坑事故でたくさんの人が亡くなったり、健康を害したりした。それで原子力はそういうことがない、安全でクリーンなエネルギーに見えた時代は確かにありました。ドイツの原発はまだ大事故を起こしていないが、チェルノブイリの事故を見て、あまりにも犠牲が大きいということはわかった。ドイツ人はもともと臆病だからね、もうやめようということになったんです。今回の福島原発の事故を見ても、どうして日本人が逃げないのか、他の原発を止めないのか、また再稼働するつもりなのか、まだ作り続けて輸出するのか、まったくわかりません。

といってもドイツが電力をよその国から買ったり、再処理を外国に頼んでいるのも確かで、それはドイツに金があるからよその国にそういう危険な仕事を押し付けているわけです。でもヨーロッパは地続きで、チェルノブイリでもそうだったように、隣国チェコで老朽原発が事故を起こせば、我々の被害も甚大なものになる。動かし続ける間は、せめてドイツの技術でチェコの原発を改良したり、事故を起こしにくいように直したりすることが必要です。ドイツはチェルノブイリの事故以来、夜の町は前より暗くなったし、家でも消し忘れの電気を消すとか、意識が変わった。節電も大事だけど、化石燃料を使わないために一番いいのは車に乗らないで、自転車に乗ることだよ」

チロルの村には靴のためのリサイクルボックスが設置されている。

3 ミュンヘンのオクトーバーフェスト

一〇月一日　バイエルンの秋祭り

朝、スーパーへ行くと、入り口に服のリサイクルボックスがある。「洗ってから入れるの？」と聞くと「どうせ向こうで洗うからそのままでいいんだ」という。こうした気安くできるリサイクルのシステムはいい。日本のように洗ってから出せ、クリーニングに出したものだけしか受け取らない、というのではお金も手間もかかる。市民にやりやすい方式でなく、行政の都合なのだ。靴のリサイクルボックスもある。

日本ではペットボトルは中身を出し、よく洗って、ふたを外し、外側のセロファンをはがして出すまでに手間がかかる。ドイツではぽんと機械に入れるとボトル代が返ってくるのはスーパーで見た。デポジットするペットボトルに巻いてあるプラスティックラベルはとってはいけない。ここにリサイクルのマークがついているから。どっちみち溶かして再利用するときには、このラベルをはがす機械がある。市民に手間をかけさせないで、行政がしかるべき分別や作業をするというのは、ありがたいシステムだと思う。

いよいよミュンヘンまでオクトーバーフェストを見に行く。利子夫人（トコラ）はビールを飲む大人を見せるのは教育上問題があると、娘二人と残ることになった。はっとさせられた。日本ではワイナリーやウイスキー工場でも子ども連れで見学して大人は試飲をしているが。

みちみちカーステンさんにドイツの労働事情を聞いた。

「ドイツの労働者は六週間の休暇があります。でもやりくりして八週間くらいまではどうにか休める。それでうちでは夏は日本の妻の実家に一ヶ月、イタリア人と結婚した妹の家

ペットボトルにはリサイクルマークがついている。このまま回収機にいれる。

に一ヶ月行きます。行った先で学校が開いていれば入る。子どもにとっては外国の学校へ通うことはいい経験です。

ドイツでは組合が強いから労働者の権利は守られます。ヨーロッパ全体の経済は悪いが、ドイツはやや持ち直して、いまは学生も就職はいいですね。しかし私の頃は終身雇用だったが、いまは二年とか三年の期限付きが多くなって安定しませんね」

ゆったりした働き方、休暇の多さはうらやましい。

ミュンヘンからウーバーン（郊外電車）に鉄道の切符のまま乗れた。まず一番の繁華街マリエンプラッツ駅で降り、からくり時計のあるラートハウス（市庁舎）、有名な食料品店ダルマイヤー、森鷗外もレーニンもヒットラーもそこでビールを飲んだホーフブロイハウスなどを見学する。シュヴァインハクセ（子豚の丸焼き）のおいしい店も見る。たくさんの豚がぐるぐるまわって焼けている。

いよいよオクトーバーフェストの会場へ。たくさんの人、たくさんの出店、その間にビール会社ごとに巨大な仮設テントを立てている。いつもは公園だが、会期中二週間に限って使われるテント。私たちは入り口近くの魚料理のテントにはいった。入り口で炭火焼の魚を見たらおいしそうだったから。入場制限をするほどの人気で、一つのテーブルのますに一〇人くらいがぎっちり詰め込まれて、もちろんバンドの伴奏に合わせ、ジョッキ片手に肩を揺すったり、波のように見えるウエーブをしたり、乾杯の歌を歌ったり。まさに狂騒、らんちき騒ぎという感じ。

　みんな本当に楽しそうで、バイエルンの民族衣装に身を包み、精一杯のオシャレをして集まる。すっきりした身のこなしのウエイターや、黒い髪で切れ長の目のオオカミのように精悍なバイエルン娘が、大きなジョッキを五つも持って運ぶ。一つが一リットルだから五キロを持って運ぶわけだ。私は一杯飲むのが精一杯。おかわりは無理だった。炭焼き魚を堪能し、おなかもいっぱいになった。

　人の流れは切れず、自慢のひげをみんなに見せている男もいる。年配の男性は刺繍のついた白いシャツ、若者は赤白ギ

魚料理のテントには、炭火で焼かれた大きな魚が大胆に並べられている。

ンガムチェックのシャツにサスペンダーのついた半ズボン、これは茶色の鹿革でできていて、ポケットに短剣が差し込まれている。前にジッパーがついていないので、ボタンで前当てを留めてそれを外し、用を足すらしい。外には立ちションをしないよう、公衆トイレ方向へ向けて矢を放つキューピッド。おしゃれな表示だ。

嗅ぐだけで幸せになりそうな、肉の焼ける美味しそうな匂い、パンの匂い、フルーツの匂い、ビールの匂い、栗の焼ける匂い。イチゴのチョコがけ、アイスクリームも売っている。

別のテントにも見学で入ってみる。テーブルの上で踊る人もいた。本当はこれ

毎年ミュンヘンで行われるオクトーバーフェスト。思い思いにおしゃれをして会場に集う人々。昔ながらに樽を馬車に乗せて運ぶ。

は禁止されていて、登っていいのは椅子まで。楽団には女性楽士も混じり、似たような軽快で明るいバイエルンの曲をつぎつぎ演奏する。アメリカの歌もまざった。大音響でふらふらになり外に出ると、遊園地みたいな怖そうな乗り物がたくさんあって、みんな悲鳴を上げて乗っている。私たちは一番緩やかそうな回転ブランコが懐かしくて乗ったが、これでも上がったり下がったり、目の前の塀にぶつかりそうでスリルがあった。

それからカールプラッツに戻って町を歩き、市庁舎の前の仕掛け時計が動くのを待ったが、なかなか動かない。あきらめてカーステンさんが利子さんとはじめて会ったという焼豚とビールの有名な店

会場内にはたくさんのビアホールがこの日のために作られる。仮設の巨大テントには 7000 人が収容される。

ヴァイセス・ブロイハウスに行った。皮のぱりぱりがおいしいシュヴァインハクセを少し頼み、オリジナルのクラシック地ビールで乾杯。ここはハーフパイント（五〇〇ミリ）のサイズがあって、濁って茶色いビールは、たいそうおいしかった。カーステンさんは妻と出会った頃のことを懐かしそうに思い出して話してくれた。

帰り、ミュンヘンからの特急列車に飛び乗れたのはラッキーだったが、もう飲み過ぎと歩き過ぎで足むずむず症候群にかかり、だるくて死にそうだった。一〇時半ごろチロルの宿に帰りつき、即寝る。明日はゆったりとエアランゲンに移動の予定。今日はグループ用のバイエルンチケットで五人で往復たった四四ユーロだった。一人の交通費は一〇〇〇円くらい。

4 トコラに聞いたドイツの教育

一〇月二日　意見が違ってかまわない

カーステン夫人トコラこと滝田利子さんにドイツでの生活を聞く。

――元々はどこのご出身ですか？

「私は一九六二年静岡市清水区興津の生まれです。子どものときから、環境に恵まれない子どもを世話する養護施設で働きたかった。それはテレビドラマ『太陽に吠えろ』に養護施設の少年がでてきたり、アニメの『タイガーマスク』を見た影響だろうと思います。短大で保育士、幼稚園教諭の資格を取り、養護施設で七年くらい働きました。そこは小舎システムだったので一一人の幼児を一人の寮母が見ていました。中学生を世話してたいへんだったので、仕事を辞めようか悩んでいました。一九九〇年のこと、そのとき恩師の紹介で、ドイツのシュタイナー教育の視察にドイツに一ヶ月行ったんです。

親は三〇にもなって何をやっているんだと言いましたが、どうしてもドイツを再訪したかった。大学以外でヴィザをもらえるのは語学学校のゲーテ・インスティチュートしかなかったので、そこで語学を勉強してドイツにまた行きました。ゲッティンゲン、アムキムゼー、フライブルクで一年間言葉を勉強したの。既婚者の女友達が、ミュンヘンに行ってビールが飲みたいというので、ヴァイセス・ブロイハウスに行ったところ、長テーブルのはしにすわり、ときどきビールを飲みにきていたカーステンに会った。ベルリンに来たら遊びにきて、とか言われたけど、なかなかその機会はなかった」

――再会したのは赤い糸で結ばれていたのかしら。

「その後、ブラウンシュヴァイクのギムナジウムの寮母をしました。そこにはドイツの金持ちで頭のいい子ばかりでしたが、両親が不和でどこにも居場所がない子がいました。こちらでは離婚が多く、気が合わないとすぐ別れて、また新しいパートナーを見つけて、おたがいの子どもを連れて暮らす。そういうのをパッチワーク・ファミリーというんです。親権は両方にあるし、週の半分は母親の家、週末は父の家で暮らしたりする。でも自分の居場所がわからなくて不安定な子どもをたくさん見ました。

ゲームにはまっている子もいた。日本語を教えるコースがあって日本人の先生もいた。私は一室与えられ、食事も出たし、ドイツで暮らしているという感覚はなかったですね。朝子どもを起こしたり、日本語を教えたり。だけどドイツ人はクリスマスや行事のときは家族で過ごす。そういうときに私一人なのは寂しいな、と思った。

それでベルリンで会った彼に連絡してみたの。それから交際を始めて、カーステンと結婚するとき、ベルリンの彼の両親は何も言いませんでしたね。すでに彼の妹がイタリア人と暮らしていて南イタリアにいたこともあったんでしょうね。一方日本の両親は、私が一人っ子だし、父は病気をして車椅子の生活になっていたので、最初は反対しました。手紙で『彼に会ってくれればきっとわかるから』といって日本に連れて行ったら思った通り、すっかり気に入ってくれました」

――よかったですね。国際結婚でむずかしいと思うこともありますか？

「子どもの教育については、夫と意見が合わないこともありますね。ドイツでは学校から帰ったら宿題はなくて、せいぜい三〇分もすれば終わってしまう。うちの子は日本語の補習校に通っているので宿題がいっぱい出ます。補習校に行かせているのは、私は日本人だから日本のことも子どもに知ってほしいし、おばあちゃんとはせめて日本語で話してほしいから。子どもと私は日本語で話している。

それで夫は日本語を勉強しだしました。そりゃあ、周りがみんなわからない日本語でずっと話していたらイライラすることもあるでしょう。私の方も日本へいって夫のために日本語を通訳するのは疲れますしね。彼はほかのドイツ人男性に比べて忍耐力があるけれど。だからドイツ人と結婚した日本人女性でも、夫は日本に連れて行かないという人もいる。せっかく実家に帰っても骨休めにならないから。

以前はドイツにいる日本人の妻たちで集まって、日本のビデオを見てばかりいたという話はよくわかります。私もたくさん日本のビデオを集めていた。この一〇年、二〇年で情報環境がものすごく変わり、インターネットで日本のニュースや番組も簡単に見られるようになった。昔、五マルク玉を握りしめて、公衆電話から日本に電話したときの寂しさ、寄る辺なさを思い出すわ。電話代が高くて、とてもしょっちゅうはかけられなかった」

――ベルリンは住みやすいですか？

「首都ですが、フランクフルトやデュッセルドルフに比べて、基本的に質素な町です。日本の会社もソニーくらいで少なく、あとは大使館があるくらい、大企業の駐在員も少ない。

差別もなく個性的な人は尊重されるから、アーティストやゲイには住みやすい町。物価が安いです。ミュンヘンやハンブルクは物価が高いようですね。

それでも私、ドイツ人の心の七パーセントぐらいは理解できないかな。ナチスの経験があって、その時代を知っているお年寄りは悪いことをしたと思っているから、差別してはいけないという観念を持つ一方、内心押さえがたい差別心を持っている人もいます。子どもとバスに乗るとき、『ここはドイツだよ、ドイツ語ができないと困るよ』などと聞こえよがしにつぶやかれたこともあった。そういうときは一人で泣いたわ。

三人の日本人女性でベビーカーで車両に乗ったときも、お年寄りに『俺たちの税金で暮らすな』と言われたこともある。一人の人が『私たちの夫はみんなドイツ人、夫たちが払っている税金で暮らしているのはどっちよ?』と反論した。アジア人はみんな同じに見え、ベトナム人、タイ人、中国人、日本人の区別はつかないようです。その中で日本人は頭の良い、信頼できる国民と思われているようです。家主も日本人は家をきれいに使うし、金払いもいいので喜んで貸してくれるけど」

――環境問題について日本との違いはあるかしら?

「環境問題についてドイツ人はそれぞれ自分の考えを持っています。日本では原発につい

カーステン夫人トコラこと滝川利子さんと娘のアイカちゃん。

てあからさまに話さないけど、ドイツでは日常会話で話す。意見が違ってもかまわない。福島の事故もみんな心配してくれて、『いまはどうなっているの?』『なぜ両親をこちらに呼ばないの』などと聞いてくる。ドイツのメディアは人ごとだと思ってかなり悲観的で大げさな報道をしたのも確か。ただ『日本の政府は嘘を言って隠している』とはっきりドイツのメディアは言ったけど、これは日本のメディアには言えないことでしょう。国際社会に対して海をこんなに汚した責任を日本政府はどう取るのかしら?

そして汚染された地域から、政府が責任を持って子どもたちや住民を移住させないのを、ドイツでは奇異の目を持って見ている。チェルノブイリだって政府が半径三〇キロ以内は居住禁止と決めて、住民はそれに従った。日本では住民のふるさとに帰りたい、という声を利用して政府がたいした援助もせず、住民の健康に対して責任も取っていないように見えます。

そうしたことを決断できないなら、そんな政府はドイツならおしまい。とにかくなんでも自分の頭で考え、自分で行動するのがドイツ流、でもそういう人間はいまの日本の教育では育たないかもしれません。ドイツでは問題も自分で考えさせ、こんな答えが出てくるような問題を作りなさいというのがある。入学試験も思考力を問うものばかりだし。

私も日本にいたときは自分の考えを言う前に『こう言えば人はなんと言うかしら』が気になったし、『あの人はどう言っているかしら』と誰かの考えに依存する方が楽だった。ここでは『あなたはどう考えるの』が絶えず問われる。二人の子どもたちにも、どんな職業についていてほしいか、はそれほど考えないけど、自分の意見を持ってはっきりと主張する人間になってほしいとは思う。自己主張がなければこの国では生きて行けないのだから」

――教育や医療で日本との違いはどこでしょう。

「こちらの学校では新しい教科書を買うということはありません。先生がプリントを作って配るのをどんどんためる。教科書は学校が貸してくれて何年も使う。使った人の名前を次々書いていく。大学は基本的に無料、何年か前に有料化するときはすごいデモがあった。それでも年間一万五〇〇〇円くらい。

病院は朝八時前からやっています。一八歳までは無料。最近は四ヶ月に一度、初診料一〇ユーロ払うようになりました。複数の医療機関に通っているときは最初のところで払ったら、その証明をほかのところへ持っていけばタダになります。

確かに税金は高いですね。消費税は一九パーセント、生活必需品は七％。所得税が夫のサラリーからいくら引かれているかわからないけど。

カーステンも言ったと思うけど、ドイツ人は自分の暮らしが脅かされるのを嫌います。原発はまさに生活を脅かすものだった。チェルノブイリの事故でそれがつくづくわかりました。

上の子どもが生まれたとき、何が必要かわからなくて、静岡の親に言ってベビー用品をどっさり買って送ってもらった。でもその八割ぐらいは使わなかったし、あったら便利かもしれないが、なくても困らないものばかりだった。紙おむつは便利で使っちゃったけど。日本の方が消費的ですね。ドイツではゆりかごやおもちゃも二代三代にわたって使います。

二番目の子どもはシュタイナー医学の病院で産みました。アントロポゾフィー（人智学）といって、すべての人間の一生を赤ちゃんから死ぬまで有機的にとらえる。そこでは紙おむつを使わなかった。いまでもドイツで慣れないのはぶっきらぼうな接客態度ですが、そこはとても丁寧で優しかった。

万が一、夫が先にいなくなったらどうしようという不安が、ドイツ人と結婚した日本女性にはあります。日本に帰ってももう親の代ではない。ドイツに日本人の夫を亡くした妻の集合住宅を造ろうという人もある。最近、日本とドイツは提携して、かつて日本で払った年金額も合算できるようになった。そして子どもを産んだ人は一人につき、年金を三年間分加算される。日本のように二五年間払い続けなければもらえないということはありません」

5 環境都市エアランゲンにて

ベルリンに先に帰るというカーステンさん夫妻と別れ、私たち日本から来た五人組は、ミュンヘンと同じバイエルン州のエアランゲンに向かった。ニュルンベルク乗り換えでようやく三時半ごろエアランゲン駅に着く。ニュルンベルクからは一六キロ、一〇万人の都市、有名な大学と多国籍企業のシーメンスの研究所がある。

タクシーで七・七ユーロで清水里美さんの家へ。郊外の大きな家で母と娘の二人住まいなので、三階は別の人に貸している。広いおうちで日本からの私たち五人の客を泊めても困らない。早速、部屋割りをした。

家は一九三五年の建築、街区によって二〇年代、三〇年代と分かれているそうな。きれいなセイヨウトチノキ、ドイツ語ではカスターニエンの並木道。電線は地下埋設なので空が広々としている。家の中も天井が高いので広々と感じる。

「一九九三年に越してきたの。娘の紅子が四歳のときで、五歳の誕生日はこの家でやったわ」と里美さん。地下に倉庫、ランドリーなど四、五室あり、一階はキッチンと広い仕事部屋、もう一室。冷房はない。暖房は温水パネル。水を温めるための石油が五〇〇〇リットルも地下にある。キッチンも広い。

「昔は台所のストーブのまわりにみんな集まって、そこで暖をとり、煮炊きもそれ一つ、だからこんなに広いのよ」という。床は無垢の木で重厚、すばらしいカーペットが敷いてある。

里美さんは一九五五年に埼玉で生まれ、大学院でドイツ文学を学び、『ファウスト』をテーマにエアランゲン大学へロータリー奨学金で来た。そこで半導体の研究者ディトマさんに会い結婚、結婚当初は三つ部屋のあるアパートにいて、たくさんの友達と行き来し、楽しく暮らしていた。

「エアランゲンは環境都市として有名で、あの頃何度も日本から来る視察の世話をしたわね。フライブルクとセットで来る人が多かった。ゴミの分別処理場や学校、埋め立て地、ビオトープ、ハンディのある人たちが階下のレストランで働いているバリアフリーのアパートなども案内しました。でもドイツでもそんなにうまくいっていないし、最近はむしろ後退しているように思うわ。

スーパーでもパック入りが多くなり、リサイクルされないパックの商品も増えている。リサイクルも業者頼みになって、できるだけコストを安くしようとすると、いい加減な処理をする業者もでてきます。エアランゲンは一時期三五種類にゴミを分けていました。ミュンヘンやベルリンではすでに面倒くさい分別をやめてしまいました」

夫ディトマさんが亡くなったあと、翻訳、通訳などの仕事で暮らしてきた。

「脱原発はドイツでは三〇年間の歴史があるから、一回見に来たってわからないと思うけどね。とにかく日本とは法律の拘束力が違う。企業だって労働基本法や排出物規制の条例を守らなければつぶれるんだから。

日本人も自分の意見は持っているでしょう。でもそれをみんなの前であらわせない。他の人の顔色を見て風見鶏みたいに形勢のいい方につく。だから事故が起きてみんなが原発に反対になりかけたら、メディアでも政治家でもだーっと反対みたいなことをいうけど、にわかには信じられないわ」

娘の紅子さんはデザインが好きで、いまは建築のディプロマをとり、マスターコースにいる。ゆったりした感じの女性だ。

夕食に音楽家の斎藤雅子さんと宏愛（ひろなる）さん夫妻が見えた。雅子さんはサウジアラビアで生まれ、北海道で育ち、音大のフルート学科をでて、夫の宏愛さんとエアランゲンにやってきた。宏愛さんは大学でディプロマをとり、教育学のマスターも持っているので永住カードはとれるが、これから語学の検定に合格しないと住みつづけられないという。筆記試験も面接もあるので大変だ。五〇万都市、ニュルンベルクで夫はフルートを教え、明日はそのコンサートがある。

若い二人の生活を聞いてみた。

「家賃は五二平方メートル、二部屋とトイレバス、四一〇ユーロで灯油代付き、ガレージ付きというのはかなり条件がいいと思います。不動産屋に行ったり新聞広告で探したり。仕事がら、音の出せる家でないといけないので、屋根裏で実際に吹いてみて、ほかの部屋の住人に迷惑

右から、斎藤宏愛さん、紅子さん、斎藤雅子さん。夕食時に。

をかけないのを確かめて借りたの。前は日本人のコックさんが住んでいたところを、人づてに紹介してもらった。共同住宅なのでみんなで分けて水道代も込み、電気代だけ別に払っていますが、毎月四二ユーロくらいです。アンペア数による差はありません。日本に帰るとやたらまぶしい感じがします。確かにドイツでも蛍光灯は使わず、LEDに替わりつつあるわね。インターネット込みの携帯代が一ヶ月七〇ユーロ。暮らしていて一番困るのは病院、症状をドイツ語で説明するのはむずかしいの。医師や看護婦の言うことはもっとわからないし」

今日の里美さんの手料理は、鶏を蜂蜜などでマリネして焼いたのをメインに、

エアランゲンに住む清水里美さんにごみの分別を見せてもらう。清水さんは環境都市の視察にくる日本人を案内することもある。

サラダ、お芋、チーズがならび、おいしかった。

一〇月三日　ニュルンベルクにて

朝、里美さんにゴミの分別を見せてもらう。

「一冬に暖房のために四〇〇〇リッターの灯油を使うような暮らしを見直さなくてはならないわ。冬なのに室内で半袖Tシャツ一枚でいられるような暮らしはおかしい。寒ければセーターを着ればいいじゃないの？」

分別は、紙のゴミ、生ゴミ、その他のゴミ、ビニール、プラスティック、など。瓶は色別、ペットボトルは買った店に返す、ワインやジャムの瓶もそう。服や靴やバッグもリサイクル。

「ドイツ人は日本人に比べ、エンゲル係数は低いと思う。台所が汚れるからとあまり料理をしない。人を呼んでも出費を押さえるため、パンとサラダとチーズくらいしか出さなかったりするからね。逆にこちらが招待してもてなしたりすると、目一杯食べて帰る。ドイツ人が日本人よりお金を使うのは上着と靴、鞄、車に旅行かしら。長い休暇でホテルなんか使うと高くつくから、家の食器や鍋、タオルや衣類をみんなキャンピングカーに積んで、一家で山や湖に出かけてゆくのよ」

きょうもゆっくり。午後一時頃出発し、まずニュルンベルクのドキュツェントラム（帝国党大会会場文書センター）へ行く。ナチス党大会や戦後のニュルンベルク裁判の行われたところで、ナチスの歴史と行為を伝えるさまざまな展示が見られる。かつて私は一人で強制収容所のあったダッハウやラーベンスブリュック、ザルツブルク近くのヒトラーの別荘のあった鷲の巣などを訊ね、ナチスの資料を見た。ニュルンベルクではナチスがここに作ろうとして実現しなかった競技場や会議場のあとを見学。

ニュルンベルクのドキュツェントラムは、ナチスの党大会が行われた場所を保存し、資料館として使っている。

——それにしてもどうしてヒットラーが政権を取れたのかしら。

「世界一自由な憲法を持っていたワイマール共和国に期待したのに裏切られたと人々が考えたからでしょう。そこに出てきたヒットラーは最初、労働者党を組織し、生活に不安を抱えている人々の味方のようなことを言って、アウトバーンを作るなどして雇用を拡大したのだもの。それがあんな国家社会主義というファシズムになるとはみんな思わなかったのね」

と里美さんはいろいろ話してくれたのだが、いまのドイツの暮らしや環境問題から外れるので割愛。

そのあとニュルンベルクの城壁の中の町を歩き、お城と中世の町を見る。画家デューラーのいた町だ。そう思うと、この街の印象が少し変わった。夕方一七時にビアパブで集合、いろんな肉の焼いたのとソーセージで腹ごしらえ、二〇時から斎藤宏愛さんのフルートのコンサートへ行った。アットホームな感じの会場で、近所の人が多いのか、終わったあとも抱き合ったり、ワイン片手におしゃべりを続けていた。

ドイツでは一回、一日券を買えば、それでバスも地下鉄も郊外電車もトラムも乗り放題。ほとんどの住民は一年パスを持っている。車いすの人が乗ろうとしたら、運転手が降りて行って介助し、すごく時間がかかった。でも、ドイツ人は何も言わないで待っている。日本だと乗客はいらいらするのではないか。自転車も大きなベビーカーもバスに乗って来る。犬を連れてレストランに行くのもオーケー。まあ人口密度が違って、車内はすいているから一概には言えないが。

夕食からご一緒したエンジニアのヨーゼフ・シェーフィーさんは、シーメンス社に三五年いたエンジニア。リタイア後、流水拳や空手を教えているという。里美さんたちのコーラスの仲間だ。

デューラーの町、ニュルンベルクの美しい町並み。

——ドイツの脱原発についてどう思いますか？

「ドイツもまだベストウェイはみえていない。悩んでいるよ。

核分裂でなく核融合からエネルギーを取り出す方法を研究中だ。これも危険がないわけではない。

再生可能エネルギーも一長一短だ。風力はちょっと強い風が吹くとストップするし、壊れることすらある。反対に風の吹かない日には回らない。まわすことそれ自体にエネルギーがかかり、ロスも多い。低周波被害や渡り鳥の道をふさぐともいわれている。

ソーラーだってそうだよ。曇りや雨や雪の日には稼働しない。バイオガスは、低開発国では餓死寸前の人がいるのだから、穀物やトウモロコシを燃料に使うのは贅沢だということになるだろう。全部、自然エネルギーだけでまかなうのは当面は無理だと思う。しかもどの技術に研究資金が投入されるか、それは政治的問題だ。でも努力はしなければ。

一時、ソーラーや風力にはどんどん資金が投入された。サハラの砂漠にパネルを並べて起こした電気をドイツへ運ぶとかいう企画さえ浮上した。それは政府がその政策を推進しようとして補助金をどっとつけたからだ。国内エコ電力の買い上げ価格も最初は高かったが、いまは安くなったからソーラーを設置する人は減っている。

太陽光からH$_2$O（水）の水素を取り出してためておく方法も、今研究が進んでいる。

どんなエネルギーも問題や危険性をはらんでいるから、常に改良しチェックしなければならない。しかし、その中でも原発はいったんチェックを怠ると過酷事故を起こす。停止中の原発の非常用電源系統の実験中に操作員の操作ミスでおこったとされるチェルノブイリ事故などは典型的な例だ。それと危険性の第一は地震の震動でボルトや管が外れる可能性がある。

ドイツは地震の起こらないところに原発があって、それもいま稼働しているのは一〇かそこらだが、日本のような地震の多い国で五四も原発を作る気が知れないよ。日本は温泉も火山も多いんだから、むしろ地熱を利用した方がいい。日本も現行の一〇〇ボルトよりドイツみたいに二二〇ボルトにした方がエネルギー効率がいいんだけどなあ」

エンジニアの話は果てしなく続いたが、ビールの酔いもあって、これ以上専門的な話を英語で聞くことは私には無理だった。ボルトは電気を押し出す力。日本でも最近は二〇〇ボルト対応の家電も増えている。「タイで二〇〇ボルトなのは、電力が不安定で一〇〇ボルトでは安定して電気が使えないことから。しかし電圧が高いと感電したりした場合は大変」だと現地の日本人に聞いた。

あしたはいよいよベルリンへ。

6 ベルリンの家族

一〇月四日　壁がくずれた日

一〇時に一足先に家を出て、エアランゲンの町を歩く。大学町、ショッピング街、庭園、小さなお城を見る。そして駅で小麦のヴァイスビールを飲んで、仲間が来るのを待つ。駅のゴミ箱も完全分別、さらに自転車を悪戯されないよう大事にしたい人には自転車用ロッカーも駅で個人に貸している。

なんとベルリンまで、グループチケット、五人で三四ユーロと安い。ベルリンはエアランゲンから電車で五時間ほど。先進国なのにドイツ鉄道DB（ドイッチェス・バーン）には新幹線みたいな超特急はなく、ゆっくり旅情を味わわせてくれる。車内には広々したトランク置き場、自転車やベビーカー、犬を連れて食堂車へ行く人々。私たちも食堂車でまたまたビール。

今までよく出てきた単語をおさらいする。

――ゲッナウ（そうよ）、ナッハハルティッヒカイト（あとまで続くことができること。持続可能社会）、ニアインデ（内面化する）、フィールリッヒト（たぶん）。

途中、車窓の霧の彼方に風力発電がゆるゆる回っているのや、原発ではないかと思われる円錐形の巨大コンクリート構造物が見える。

一三時半に乗ってベルリンに夕方一八時に着き、カーステンとトコラ夫妻の家に着いたのが一九時。ベルリンの一歩外だそうな。日本では車内アナウンスの女性の声が高くてコケティッシュだが、べ

環境都市エアランゲンの駅前には、自転車用ロッカーが設置され、個人に貸し出されている。

ルリンではゆっくりの低音で快い。

もともとベルリンっ子のカーステンさんはベルリン市内に住みたかったらしいが、一戸建てで庭のつく家はこの辺までこないと無理だった。一時間に一本の列車しか止まらないが、家から見える駅まで三分なので、うまく乗り継げば会社まで三〇分しかかからない。次の駅がシャルロッテンブルクで、その次が有名なツォー。森鷗外の『舞姫』にも出てくる動物園のある駅だ。

わざわざ来てくれたベルリンっ子のお母さんとお父さんと一緒にご飯。おいしいミートボールのクリーム煮込みとお菓子を作って待っていてくれた。あんまりおいしいのでお皿をなめようとしたら、お父さんのハインツ・マルティンコースキーさんが喜んで「子どもの頃は食べ物がなくていつもそうしたよ」と笑った。

お父さんは戦争が終ったとき九歳だった。ポンマン生まれ。お母さんのアンヌマリーさんはお父さんより一つ上、「たまたまヒットラーに抱かれた写真があったけど、戦後すぐ焼いてしまいもったいなかったわ。歴史的写真なのは確かだったし」。日本から五人、エアランゲンから二人の、総勢七人を平気で何日も泊める度量の広さと家の広さに驚く。

ご飯のあと、ワインをあけ、彼らにとって最良の日、ベルリンの東西を隔てるマウアー（壁）が開いた日の感激について、カーステンさんはワインを飲みながら語り続ける。

「壁沿いに東ドイツ側の警官がたくさんいたけど、手が出せなかった。扉が開いた時、地雷が埋まっているから気をつけろという話もあったが、それはなかった。アルコールを飲んでないのに酔っ払ったような気分でした」と長女のユナさんが訳してくれる。カーステンさんも一生懸命、片言の日本語で説明してくれる。

「西ドイツのヘルムート・コール首相がそこで演説しましたネ」

東ドイツの政治家のホーネッカー首相の名前なども飛び交う。

「一二月一〇日にブランデンブルク門が開いた日、花火があった。六月一七日、初めて私はこの門の下をくぐった。東ドイツ、行きました」

写真を見ながら話してくれた。塀の上に立つ若者たち。チェックポイント・チャーリー（東西ドイツの国境検問所）の前。一二月一二日、たくさんの落書き。歴史の証言のような写真ばかりだ。今も壁のひとかけらを持っているという。今より二〇年若いアムネスティの活動家カーステンさんがアルバムにいる。

一〇月五日　音楽家夫婦の暮らし

朝六時に起きると、まだ半分の人は寝ている。昨日のおいしいケーキの残りとコーヒーをいただく。そして私だけ七時四四分の郊外電車にのる。ヴァイオリニスト米沢美佳さんの暮らしを拝見に行くのだ。きのう電話をかけ、乗り換えなどを聞いた。バスの停留所まで迎えに来てくださるというので助かった。『通販生活』で、チェルノブイリなどからの子どもの保養施設ドイツ村を支援してくださっている方だ。

アルブレヒト駅の自動きっぷ売り場は壊れていたので、降りたツォー駅で一日券を買う。これで今日はバスでも郊外電車でも地下鉄でも、何にでも乗れる。X10のバスでオスカーヘレンハイムへ。湖の近くの美しい住宅街と並木道。ベルリンは広い、郊外に出てきたなあという感じ、車で迎えにきてもらい、米沢さんの家へ。由緒ある建物の三階で、とても広かった。もちろん観光よりも普通の暮らしを拝見する方が楽しい。

「家は一八世紀に建てられた古いものを分譲で買いました。三軒住んでいるけど下の老婦人は持っているだけ、一階の若夫婦も旅行ばかりしていてあまりいない、庭も共有だけどまるでうちの占有みたい、トラブルはありません。ドイツ人は家にいる時間を大事にして、人を招いてしゃべったりするのが好き。うちは三階と屋根裏で一九〇平方メートルあります。

屋根裏はチェリストの夫の練習室になっているんだけど、夏の二、三日はとても暑いの。毎年クーラーを入れようかと検討しているうちに夏が過ぎてしまう。たしかに熱効率は悪い家だわ。

ここに住んで二〇年、暖房は地下でオイルを焚いて、温水が家中に回るようになっています。九月終わりから四月初めまで半年以上使いますね。家にきた日本人はたいていい寒いという。そういえば家で昼間は電気を点けていないわ」

米沢美佳さんは千葉県四街道に一九六七年に生まれた。男の子を引っ掻いたりするやんちゃな女の子、両親はヴァイオリンを習わせた。

「社宅なのでピアノは置けなかったし。勉強もけっこうできたから親は音大へ行くのを残念がったけど、芸術高校から東京芸大にすすみ、先生を慕って当時東ドイツのベルリン音楽大学大学院にきました。

留学の準備をしているときに、ベルリンの壁が開いたんだって、と聞かされた。一九八九年のことね。もともと東に留学する予定だったから。一九九〇年の夏にきて、まずはフンボルト大学でドイツ語を学び、秋から先生についた。東西が統一したのはもっと遅くて一九九二年。

ソリストとしてコンクールに出る準備をしているときに、たまたまベルリン・コーミッシュ・オパーのヴァイオリン奏者の席が空いており、受けたら入れたの。あとで知ったことですが、まるで宝くじに当たったくらいラッキーだった」

ベルリンの郊外にある、ヴァイオリニストの米沢美佳さんのご自宅。自然光が入るので、昼間は電気をつけない。

夫カナリウスさんはテュービンゲン生まれでワイマールで学び、同じオケのチェロの首席奏者。一九九五年に結婚した。

「それまでは一人でアパート暮らし。子どもは娘が二人、上の子はいま半年間イギリスに英語を学びに行っているの。半年なら学年が遅れないですむから」

――子育てと仕事の両立はどうしていますか？

「仕事はやりがいがあるし、待遇もいい。年間六週間の休みもあるし、音楽のシーズン中でも入れ替わりで休むことができる。年金もあるし、組合も強いので、日本と比べると気持ちの余裕があるんですよね。そうはいっても夜の多い仕事で、一日に二回、家と劇場を往復したり、朝早い仕事や演奏旅行もありますから。子どもを育てられたのはひとえに近くに子育てのすんだ日本人女性がいて、送り迎えや宿題を見てくれたからなの。

ベルリンにはシュターツ・オパー（ベルリン国立歌劇場）と国立オペラ座とコーミッシュ・オパーと三つの歌劇場があります。団員は一〇四人か一〇五人、日本人でも各楽団に一人か二人はいて、うちのコーラスにも一人います。三・一一のあとはみんなでチャリティのコンサートをして、収益を日本に送ったりしましたし、日本でもこれからコンサートを企画しています」

――ありがとうございます。美佳さんにはドイツが合っているのですか？

「日本人は協調性があるから割とオケではうまくいく。トラブルはあってもまあ主張は受け入れられる。ギリシア人やイタリア人には自己主張が強すぎてやめる人もいる。日本人は意味もなく笑うのが気持ち悪がられることもあります。深刻な話をしているときにニコニコしていたりするとまずいですよね。ただこの社会は常に自己主張していないと潰されるし、個人主義が肌に合わない人は、ドイツ人は冷たいといって帰ってしまう。私はこの感じが肌に合うので、日本に帰るとむしろ異星人のようだわ。

べたっとするのは嫌いだし、どうなのとしつこく詮索されるのも嫌い。何かしてもらったらお返ししなくちゃと気にしたりすることはこの国にはない。日本では前へ習え、とか右向け右、みんな同じことをして。朝礼とか気持ち悪いでしょう。小さいときから自我を抑える訓練をするなんて。オケは協働作業だから自我を抑えなければならないときはもちろんあるけどね。ドイツ人はアメリカ人のように急に親しくなることはないけれど、ゆっくりつきあっていったん信頼関係ができると裏切られることはない。

子どもたちでも話しているのを聞いてると、大人のまねごとみたいでも、ちゃんと議論して、僕はこう思う、私はそうは思わない、と言い合っているようです」

——福島の事故はドイツにどんな影響があったのでしょうか？

「ものすごいショックだった。日本の製品は信頼があるし、あれほどの技術を持っている国であんな事故が起こるなんて、と。メルケル首相は稼働を延長しようとしていたけど、日本ですら事故が起きるのでは無理だとわかった。それで即座に原発七基止めました。

ドイツは火山もないし、地盤も固い。日本は太平洋の四枚のプレートの中にあるんでしょ。日本に子どもを連れて行くといったら、大丈夫なの、と心配されたわ。でもあれほどの地震が起こっても泥棒も出ないし、落ち着いて助け合っている姿はこちらでも賞賛されました。ドイツなら何らかの社会的な混乱が起きたでしょう」

米沢さんは三階の温水をまわす機械をみせてくれ、ご主人と二人で地下の石油タンクも案内してくれた。「地下のタンクは一〇〇〇リットルが二つあって、一年に二五万円くらいオイル代がかかるかな。新しい家のように断熱もできてないし、壁も薄いし。でもこういう古い家は落ち着くわ」

夫のカナリウスさんがこんこんと懐中電灯でタンクをたたいた。

「こんな原始的なことをしているんです

米沢さんの夫、カナリウスさんが地下にある石油タンクを見せてくれた。

よ、ほら音が変わった。ここまでオイルがある」
さすが音楽家だ。夏の間はオイルは減らないが、冬の寒い日はがっと減るのがわかるとか。

「お風呂も水道もこの温水を使っている。薪ストーブもあります。本当に寒いのは数日だけどね。このうちはエネルギー効率は悪いけど、古い家が好きだから仕方がないわ。ほとんどの人は断熱改修をしたり、もっとエネルギー効率のいい家に住んでいるんですけどね。ドイツ人というのは基本的に節約する人種だから、日本人みたいに汚くなったから捨てちゃうということはない。子どもが使った服やベッドを取っておいて孫にも使わせる。家についてもそういう考えです。

脱原発になったのは賛成。市民運動の力でしょうね。東西が統一したのも市民運動の結果だし、うちの夫も娘たちを連れて、ドイツがアメリカのイラク戦争に加担して派兵することへの反対デモに行きました。結果、政府は軍隊を出せませんでした。政府は民衆の声を聞かないと倒される。メルケルはキリスト教民主同盟ですが、その前のシュレーダーは社会民主党でした。市民の意見や運動を政治家は無視できないんです」

一時間の約束が二時間近くなった。日本のお話をもっと聞きたいわ、と米沢さんはレッスンに来る少年の家に電話して、約束の時間を遅らそうとしてくださったが、少年はすでに家を出た後だった。

前も訪ねたベルリン市内の、森鷗外記念館へ。ここでカーステンさんや旅の仲間たちと待ち合わせている。私が最初にここへきたのは一九九九年の秋。ＮＨＫ「我が心の旅」で、文学者カフカの恋人だったミレナの炎のような人生の取材で、チェコで一〇日間を過ごした後、撮影クルーと別れ、プラハから一人で五時間電車に乗り、ボヘミアの森をながめ、豪雨のベルリンに着いた。

ちょうど私にとっては評伝『鷗外の坂』を上梓したあとで、『舞姫』の舞台となったマリエン教会やティアガルテン、鷗外の下宿のあと、フンボルト大学などを歩

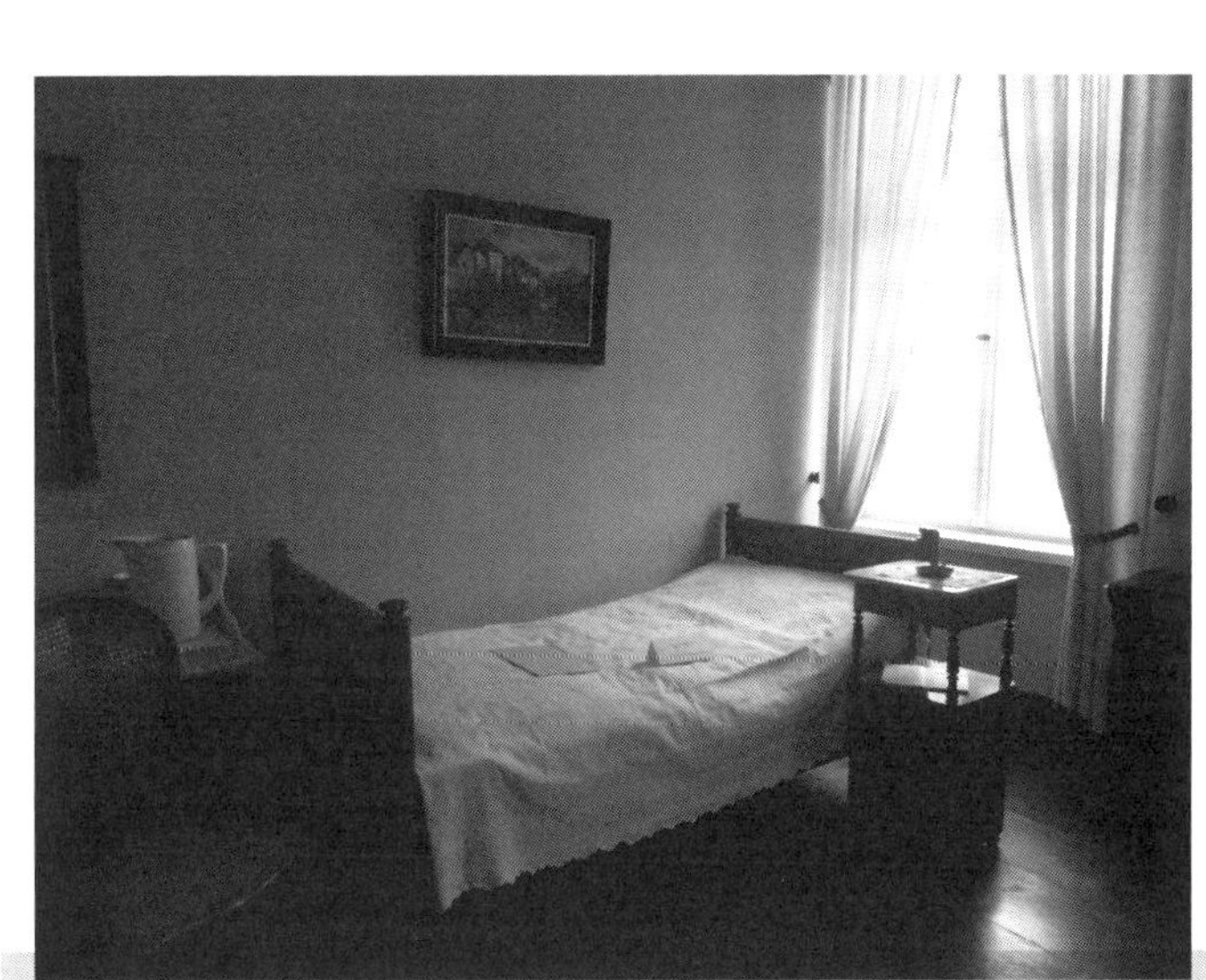

ベルリン市内にある森鷗外記念館。部屋が当時のまま保存されている。

き回った。東西統一してまだ七年目、旧西ドイツの首都ボンから仕事を求めてベルリンに来たという若い女性と話したりした。

九月一日は奇しくもナチスドイツがポーランドに進攻した日で、『舞姫』に出て来る「大道髪のごときウンテルデルリンデン（大通り）」には、平和行進の波があった。

あれからベルリンは何度目だろう？　その後、カフカの恋人であったミレナがユダヤ人でもないのに、ユダヤ人を国外に逃がすという行為によってナチスへ抵抗し、裁判にかけられたドレスデン、終戦を待たずして病死したベルリン郊外のラーベンスブリュックの収容所なども、見学した。

一九九九年当時、クーダムなど西ベルリン側にはブランドショップが建ち並んでいたが、東ベルリン側の郊外に行くとまだ空爆でガラスが割られ、めちゃめちゃになった建物がそのままに残されていたのに驚いた。

ナチスの起こしたユダヤ人やロマの殺害をはじめとする悲劇のあと、社会主義ドイツ（東ドイツ）の人権弾圧もまたそれと重なっていた。「ナチスが収容所に送らなかった人はみんな秘密警察シュタージが捕まえた」という人もいた。

冷戦時代、東ドイツや東欧圏のニュースやルポはほとんどなく、私は勤めていた出版社で、東欧革命の企画を検討しては、売れないという理由で没になっていた。藤村信『プラハの春、モスクワの冬』（岩波書店）などは稀少な本で、むさぼるように読んだ。そんな若い頃を思い出していた。

カーステンさんたちと合流して、東西ベルリンを隔てていた壁（マウアー）の跡、そして東西の通行を規制するチェックポイント・チャーリーを見る。ここには民間の博物館があって、人々が東から西へ行くためにどんなに涙ぐましい苦労をしたかを展示している。鉄条網の下をくぐる地下道を造ったり、車のボンネットの中に隠れたり、排水溝をつたったり、二つの箱の中に奇術師のように隠れたりした。しかしこれは私たちと同時代の出来事なのである。カーステンさんはその

東西ベルリンの壁の跡。石に記念のプレートがはめ込まれている。

1936年のベルリンオリンピックで使われたスタジアムはいまでも現役。中央に写っているのがカーステンさん。

頃、ベルリン工科大学の学生で、脱出を助ける人道的活動をしていたそうだ。

早い夕食に、カーステンさんの娘たち、ユナさんアイカちゃんお気に入りの「鮓や一心」へ行く。そのあとオリンピック・スタジアムにサッカーを見に行った。これは戦中一九三六年に行われたベルリン・オリンピック、レニ・リーフェンシュタールが『民族の祭典』に描いたオリンピックで使われた競技場を改修して使っているのである。負の遺産も引き継ぐことで歴史を忘れないようにする。なんと物持ちのいいことだろう。

スタジアムの入り口で、お土産に買った怪獣のおもちゃにデコボコがついて危ないというので取り上げられた。みんな贔屓チームのマフラーを巻いているので私も一つ買う。この巻き方がそれぞれ違ってかっこいい。みんな入り口手前のビール売り場で気合いを入れるが、瓶は興奮して投げたりすると危ないので没収されてしまう。紙コップでは売っていない。小雨の中で試合。アウェイはミュンヘンで、両方とも二部リーグのチーム。ベルリン方はものすごい熱狂で、試合などお構いなしにおおさわぎ、オクトーバーフェストといい、ドイツ人はもっと冷静で沈鬱な民族かと思ったら、はしゃぐときははしゃぐんだなあ。

結局ベルリンが三対一で勝ってみな大喜び。怪獣のおもちゃは入り口で返してくれた。帰ったのは一〇時頃。サッカーのチケットに往復の電車券もついているので、切符売り場に並ぶことなく電車に乗れる。カーステンさんはもっと弱い別のチームがひいきだそうだ。またみんなでワインを飲んで話す。

7 東ベルリン生形季世さんの家

一〇月六日　ベルリンから見た日本、そして福島

今日も私だけ別行動で、ベルリンの日本大使館にお勤めの生形季世さんの暮らしを取材に行く。これも『通販生活』のチェルノブイリの子どもたちを保養させる「ドイツ村」の事業に協力してくださっているというかぼそいつてだが、何も得をしないこんな取材も快く受けていただいた。

まず朝、一〇時八分の電車でツォーまで行き、郊外電車に乗り換えて芸術大学近くのモバイルハウスを見に行く。建てたのは坂口恭平という日本人らしい（帰国後、『モバイルハウスのつくりかた』で著名な若い建築家・作家と知った）。中に哲学者でピアニストという人が短期間住んでいて、ピアノを弾いて自分で映像を撮りながら、弾いた曲を壁に書き込んでいた。な

ベルリン郊外の公園に置かれていた坂口恭平さんのモバイルハウス。

んだかややこしいパフォーマンスである。部屋の中にはたくさんのクッションがあって、演奏の邪魔をしない限り、そおっと入って中でくつろいで聞くことができる。私もしばらく床に横になってピアノを聞いていた。窓からは木漏れ日が入る。緑がきれい。

そこから以前訪ねたケーテ・コルヴィッツ美術館の前を通りクーダムへ。買い物をする元気もなく、サラダバーでカレーを食べる。たまに一人の食事もほっとする。フリードリッヒシュトラーセからトラムに乗ろうとするが、今日は労働者のデモがあるため乗った電車が違うルートを走るらしく、思いもかけない通りを通り、私はあわててしまった。結局三回乗り換えで、指定されたシオンキルヘプラッツの停留所に着いたのは、約束の時間ギリギリだった。言ってみれば「ユダヤ教会広場」である。

古い建物の門をくぐると、広い中庭にモダンなガラス張りのアパートが建ち、別世界のように静かだ。

生形季世さんはお父さんの生家が根津の野坂という質屋さんで、谷根千あたりは祖父母の街として覚えているという。母方の中野の家で育つ。

「大学でボランティアをしていた頃は、どちらかというとキリスト教は好きではなく、日本文化を育ててくれた中国に尊敬を持っていました。自分があまりに視野が狭いのを感じて、世界のどこに行こうか考えたの。結局ドイツで三年半、奨学金をもらって勉強しました」

帰ってＮＨＫのドイツ語講座を手伝っていたとき、ドイツ国営放送から人事交流で来ていた夫のフォルカー・ヴィッティングさんに出会い、結婚して渡独。

——日本での原発事故をドイツでどのように見ていましたか？

「三・一一以降は日本に関するドイツの報道は偏っていてがっかりしました。根拠のない悪い話ばかり報道したり、直後にはパニックにも陥らないで粛々としている日本人を褒め称えましたが、そのうち、『あんな事故を起こしたのに原発に反対の声を上げない日本人て何なの』とみんな言い出した。また日本人から放射性物質が伝染すると言われたり、タクシー運転手が日本人旅行客のトランクは乗せないと言ったり、四、五月は偏見に満ちていました。偏見がいったん植え付けられると簡単に払拭できないのは、この国では歴史的にもわかっているはずなのに」

三、四月に行われた東京での反原発デモなどはドイツの放送局は報じなかったらしい。一方ドイツの記者は原発労働者に扮して福島原発内に入って取材したりと勇敢であった。日本人ジャーナリストが試みなかった手法である。

「ドイツ人の友人にも会うたびに『家族をどうしてよび寄せないのか』と言われ、日本は日本でがんばっているのに、と思うと、そうでなくてもささくれ立った心に塩をなすり込まれるような気持ちがしました。

三月末、ドイツの南の二州で脱原発を訴える緑の党が快勝したのはともかく、福島の事故をダシにされたような気がして涙が止まらなかった。ドイツ人は政治好きで夫も職業柄、食事中でも政治の話をよくします。第二次大戦に対する反省から、戦後第一世代はまずは左に振れてマルクス・レーニンに走った人が多く、その次の世代は環境問題、自然保護に走って、緑の党が結成され、強くなりました。

私は海外で暮らしたいという気持ちはさらさらなく、留学して外国を見た上で、日本で森さんみたいに地域で啓発活動をしたいという気持ちも強かったの。九九年の一月に結婚、ちょうどその頃、首都機能がボンからベルリンに移った。その前に日本領事館の現地職員になっていたので、そのまま日本大使館の職員になりました。自転車で二五分で通勤しています」

——日本の外交は何をすべきなんでしょう？

「ベルリンではデモが多く、来週は中国人たちが尖閣列島の問題でデモをする予定。日本ももっと強い声を出していかなくてはならないのに、歯がゆいですね。中国も韓国も外交官が熱心に宣伝している。韓国は日本海という呼称をやめて、東海、オストゼーとするようドイツの全出版社に働きかけて成功しました。

みんな遠くのことで、どっちの領土かなんて知らないし、声の大きい方が通ってしまいがち。私は広報文化班なので、もっといろいろなことをやりたいのですが、民主党政権になって予算がばっさり削られ、日本のアーティストが個展をやろうにも、場所は貸すけれどあとは勝手にどうぞという感じ」

――大使館は日本人の保護はちゃんとしてくれますか？

「パスポートをなくした日本人旅行者などの保護はちゃんとしてますし、お金を貸したりもします。学生や芸術家は保護したくても、困らないで健康な限り、大使館とは接触したくない自由人ばかり。

ドイツの日本大使館は一九三五年に建った古い日本大使館を使っています。まさにナチ時代のネオクラシックだけど、ほかは全部壊されたので、もし東西が統一したら壊さないで使いましょうと当時、中曽根首相とコール首相が約束した建物を直して使っています。連邦議会もこうした歴史的建造物の保存活用には熱心です。外交官は日本から五〇人、現地で五〇人、日本から来たキャリアで女性も何人かいます」

――いま日独関係はいいんですか？

「ドイツと日本にはいまは懸案事項がなくて、仲も悪くない。たとえは悪いけど倦怠期にはいった夫婦みたいなものかしら。フランス、イギリス、ロシア、中国、もちろんアメリカの方が、ドイツにとっては重要性が高い。またどの国にとっても日本の存在感はうすまって、面積も大きくて、人口も多い経済成長中の中国の動きを気にするようになっている。

メルケル首相はマイナスポイントが少ない政治家です。九九年から政権を担当してますが、前首相シュレーダーは社会民主党でニーダーザクセン州の首相だった人、経済に強かった。日本の政府首脳はくるくる替わるので、カウンターパートとしては信用できないと思われている。

　大使館職員も旧東ドイツの人たちは集団主義で協調精神があって、みんなで昼ご飯を食べに行くし、日本人に近い。西ドイツの人はみんなバラバラですね」


——このアパートはどうやって選びましたか？

「この辺は旧東ドイツで、戦前は工場労働者が住んでいましたが、壁があいてから再開発会社が乗り込んで、古い建物の中庭の広場に分譲マンションを建て、緑化もしました。パーキングは地下にあります。道まで出ればうるさいけど、中は隠れ家みたいに静か。ベルリンはたいした産業もなく、貧乏な町です。ボンはすっかり寂れてお年寄りの町になった。

　ドイツの男性はまめですね。うちの父は台所に入ったこともありませんが、夫は後片付けもするし。ただ自分の好きなように片付けてしまって、あとであれはどこ、と聞いても知らない、というのが困ります。

　ドイツでは意外に夫が家計を握っているので、ボン時代にホームステイ先のご主人が妻に『カイザーで買うと高いから別のスーパーで買い物をしなさい』といっているのを聞いてびっくりした。うちでも水道光熱費などはみんな夫が管理しています」
といって季世さんは電力やガスや電話の分厚い書類の束を持ってきた。

――全部とってあるんですか？

「でたらめな請求をしてくることもあるので、とっておかなければならないの。ドイツ人のなじめないところは緻密でないところ、丁寧さでは日本にかなう民族はいませんね。レセプションの準備でスプーンとフォークを運んでくださいといっても、持って行ってぽいとおくだけ。綺麗に並べたりしません。電車なんてしょっちゅう一〇分一五分は遅れるけど、日本みたいにお詫びのアナウンスはありません。相手の非をならしても『おー、それは僕にとっても残念だ』とか被害者面をされるのがおち。自分を加害者にしないから、親の世代のナチスの過ちも批判できるんですかね」

――日本だと民衆も『過ちは二度と繰り返しませんから』と責任主体をはっきりしないまま決意したり、今度の福島原発事故についても『東電の電気を使っていたのだから私たちも同罪』と言い出す人まで出ています。

「ドイツでは批判しないと自分も同じ加害者側に立っていることになる。ドイツの戦後の傷は大きいですが、そういう潔さと割り切りは持っていますね。いいところは周りがどうのこうの言おうが気にしない、人と意見が違ってもそれはいい。安心して思ったことを言える。真夏にセーターを着ていても自由。変だと思われない。そういうところは好きです」

——あくせくしないでゆったりかまえていますね。駅で老人がきっぷを買うのにもじっと待っているのには感心しました。

「ドイツ人はすごく親切で、ベルリンでは路上が凍って滑ったら、通勤の忙しい時間でもみんながよってきて助け起こしてくれる。ヨーロッパはみんなそうかと思ったけど、パリではそういうことはないみたい。

しかしすごく疲れて一人でぼーっとしたいときでも、夫は『一週間大変だったから外に飲みに行こうか、それともオペラを見に行く?』と気にして何かと誘ってくれるのね」

——環境に配慮した暮らしだと思いますか?

「ゴミの分別は東京の実家のある中野の方が細かいみたい。ベルリンではそんなに分けないし。粗大ごみは有料ですが、ゴミのリサイクルセンターみたいなのがあってベッドとかただで引き取ってくれるところもある。食品も量り売りが多くて、プラスティックトレイ

ベルリン在住の生形季世さんと夫のフォルカー・ヴィッティングさん。

とか、過剰包装がないのは気に入っていますね。本当は市場へ行けばいいんだけど、おいしそうなのが並んでいても、奥から古いものを出してきて売ることもあるから、ついスーパーで買ってしまいます。市場の人は自分の経営だから古いのから売ってもうけようとするけど、スーパーの売り子は雇われているから客の立場に近い。一方、病気すると病院は高いし、技術も日本の方がいい気がします」

——水道や光熱費はどうなっていますか？

「暖房は床下に温水が流れていてとてもあたたかい。去年、暖房を切って日本に年末に帰り、かえってきたら外はマイナス二〇度でしたが、家は暖房をつける前も一六度ありました。上の階と下の階のあたたかさも伝わってくるのね。ゲストルームには来客用のシャワーとトイレはついてます。私たちのベッドルームの方のトイレはウォシュレットを付けてもらいましたが、なんと五〇万円もかかりました。作っているメーカーが一社しかないんです。

照明はエネルギーセーブランプを使っている。LEDとは違って水銀も使っていないし、冷たい光ではありません。ここに越してから電気代は前の三分の一になりました。前に住んでいたアパートは西ベルリンで、かわいくて気に入っていましたが、光熱費がすごかった。

電気はいま資料を見たところ一ヶ月五三ユーロ。ガス代、公益費はみんなで分担するんですが、庭の掃除代や冬の雪かき代を含んで、一年間で一〇四四ユーロだから、一ヶ月は九〇ユーロくらい。とすると一ヶ月、電気とガスで一万越すくらいってことかしら。

道の掃除をしないでそれで誰か転んだら賠償させられるから、家の前の掃除はしないといけません。共有部分の電気代はうちの分は年間一二六ユーロ。電話代は携帯が二台で、基本料金も入れて七二ユーロ。インターネット込みです」

生形さんは手製のケーキでもてなしてくれた。広い窓が二方向にあり、まるで林の中のような緑濃いお住まいだった。

道順を聞き、郊外電車二系統で二〇駅近く乗ってエルンスト・ロイターで降りる。これはロイター通信社を作った人を顕彰する名前の駅だ。歩いてシラー劇場へオペラを見にいく。いまウンターデンリンデンの国立歌劇場シュターツ・オパーは改築中。一〇年前、ベルリンに来たとき、たまたま通りかかったら、「平和デモ行進」に誘われた。気軽に一緒に歩き始めたとき、デモをよそ目に、正装の男女が国立歌劇場前にたくさんいたのを思い出した。

今日の演目はダニエル・バレンボイム指揮のワーグナー「ジークフリート」。清水里美さん親子が、ネットで八〇〇〇円の席を予約してくれたのだった。日本に引っ越し講演で来ると数万円もするから、これはめったにないチャンスだとみんなで行くことにした。

しかし筋が複雑な上、舞台美術はモダンな演出で電飾ピカピカ、頭がクラクラした。登場人物はみんな灰色の浮浪者みたいな衣装。主役のジークフリートの声はいまいちで姿は田舎のおっさんみたい、ブリュンヒルデは太っていて、いまいちぱっとしなかった。アーサー王伝説やギリシア神話なども重なっているようで、慌てて昔読んだ話を思い出そうとしたけれど。オペラ好きの友人には「豚に真珠」と叱られそう。一九時に始まって五時間という長いもので、夜中〇時二分の電車で疲れ果てて帰る。

一〇月七日　一人、フランクフルトへ

カーステンさんの五〇歳のお祝いが今日、ベルリンの日本料理屋で開かれる。同行者たちにとっては訪独のメインイベントだが、残念なことに私一人は朝フランクフルトへ移動する日である。

朝から土屋律子さんがごちそうを作っていた。白菜のみそ汁、インゲンと人参の入った卵焼き、なすの油炒め、マッシュルームと長ネギの炒め物、カブのサラダ、サーモンにチーズ、パン。ワインにビール、コーヒーにチョコレートケーキ。カーステンさんも茶色のズボン、濃いグリーンのバイエルン風の上着、白いスタンドカラーのシャツ、花の刺繍のついた濃い緑色の上着でおめかしだ。アイカちゃんはドイツのお誕生日の歌を歌う。

カーステンさんは飲み物についても何でも一家言あり、おしゃれでもある。大柄であたたかいカーステンさんとトコラのこの家族を私は大好きになった。何日も初めての客を泊めてくれてありがとう。

再生可能エネルギーを知る旅

1 ユーヴィー社 inヴェルシュタット

一〇月七日　ツアーが始まる

一二時八分発の電車でテーゲル空港へ、空港の空き時間、今まで聞いた話をノートパソコンで起こす。機械音痴の私が空港でメールチェックし、パソコンで原稿を書く時代がくるとは思わなかった。前は手書きだったのに、一〇年近く前から到底使えないと思っていたパソコンにもローテクながらだんだん慣れてきてしまっている。家電製品はできるだけ使わないのだが、パソコンと携帯電話は必需品になった。

結局コーヒー一杯でスタバに二時間いた。飛行機は一六時発だが三〇分前から人を入れ始め、みんなが座って動き出したのは一六時二〇分。悠長なことだ。誰も通路を譲らず、自分の荷物をあげたり、席を確認したり、やりたいことをやっている。それで誰も文句を言わないで待っている。

フランクフルト空港へは定刻通り一七時一〇分に着いた。これから「日本のエネルギーシフトをヨーロッパから支援する」ことを目的にヨーロッパ在住の日本人ジャーナリストたちによって設立されたミット・エナジー・ヴィジョン社のドイツ・オーストリア・スイスの視察セミナーに参加する。

この問題に興味のある日本人一二名のこじんまりしたツアーだ。建築家、工務店経営者、情報企業社員、大学院生、NGO職員、林業家など。約束の一八時一五分になってもミーティングポイントに来ない参加者がいて、一時間遅れでホテルにつき夕食。一〇人ほどの参加者は人生経験も仕事も多彩。ドイツ語ができる人も何人かいる。

「アウトバーンの速度は無制限、緑の党は制限しようとするが自動車業界の圧力が激しい」

「ドイツで交通で使うエネルギーは全エネルギーの四割を占める」

「ライン川が欧州の経済中心を流れている。バーゼル、デュッセルドルフなど経済の中心となる都市がライン川沿いにある」

などの話を食卓で聞いた。明日からは再生可能エネルギーを推進している企業、行政、エネルギーを使わない家などを見学する予定。

洗濯をして寝る。ここからはワインを一杯頼んでもお金が発生する。ホームステイで食事付きの昨日までが、いかに恵まれていたかを感じる。

ホテルでは冷蔵庫の水でさえ四ユーロ。ネットを使うのも三ユーロ、食事も各自清算。マインツ郊外ノボテルホテル泊。

一〇月八日　ユーヴィー社へ

朝。七時に食事。八時過ぎに再生エネルギー建設会社ユーヴィー（Juwi）社に出発。主催者の一人に事故があり、病院に行くので引率者は池田憲昭さん一人となった。

ユーヴィー社はマインツから三〇分くらいのラインラント・プファルツ州ヴェルシュタット市にある。建物は木でできている。三階建て、地震がないので耐震性は日本より緩い。木の外壁に青い字でJUWIと書いてあった。

経理担当理事、マーヴィン・ヴィッターーさんの挨拶。シマ柄のシャツ、こげ茶の髪で、小柄だが親しみの持てるエネルギッシュな感じの人。

「今日はすばらしい天気です。皆さんが太陽と風を連れてきてくれました。経理担当理事としては太陽が照り、風が吹くと愉快です。ソーラーと風力が稼働しますから。

会社は社員が一八〇〇人で一〇〇〇億売り上げがあります。日本にも進出しています。いいことをやるにしても事業化して資金が回らないとだめなんです。連邦議会を変えるより、こうした事業で地域を変え、自治体を変えしっかり説得していけば国も変わる。洋上のメガ風力はやりません。地域分散型のものだけ。化石燃料を使わないでエネルギーを国内で、地域で自立させることが大事です」

説明し、現場を案内してくれたチェックのシャツで長髪、ひげ面の青年はフィリップ・フォン・プランハーゲンさん、「うちの会社の由来はこうです。一九九六年にフレッド・ユングとマティアス・

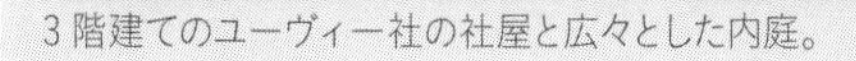

3階建てのユーヴィー社の社屋と広々とした内庭。

フィレンバッハというふたりの農家の息子が畑を使って農業でなく、何か別の仕事ができないかと考えました。一人は農業経済を一人は物理を学んでいました。畑の中に風力発電機を建てることを思いついたが、学生でお金がなかった。それでパブに行って建てることを伝えて出資をつのったが、町のみんなは最初懐疑的だった。しかし出資して建ててみると大変な配当が出ることになった。JUWIはこの二人の頭文字を取っています。株式は非公開です」

我々のヴィジョンは、一〇〇パーセント再生可能エネルギーの達成だという。風力から初めてソーラーシステムにも進出した。自然エネルギーという言葉は、化石燃料も自然によってできたものなので使わない。再生可能も分かりにくいという説もある。サステナブルを再生可能と訳すのだろうが、エネルギーは使ってしまうと再生可能というわけではないので、人によっては太陽、水、風などをさして「非枯渇エネルギー」という言葉を使う人もいる。

「太陽はそれだけで地球の必要なエネルギーをまかなう力がありますが、エネルギーにはミックスが必要です。我々の優先順位では、風力、ソーラー、地熱、バイオガス、水力で、このほか電気自動車や「緑の建築」（省エネ住宅）を進めています。火山の多いアイスランドなどではもちろん地熱発電などが上位にくるでしょう。おそらく日本もそうかもしれません。

風力についてはすでに一三〇万世帯の需要を満たすくらい、この辺には十分建てたので、風力発電をしたい地域に行き、その立地の調査や提言をしています。ポーランド、南アフリカ、チェコ、ギリシア、インドなどでも事業を開始。日本でも始めています。建てると決まったら、どのメーカーの装置を使うかなどを決める助言をします。また資金調達などのサポートもしていますが、他の会社はそこまでやらないので、これが当社の強みです。その建設の過程も厳しく見守ります。そして地域の電力会社に引き渡す。当社がその後も風力を持って発電事業までやるということはまずしません。午後に観に行く風力はその例外的なものですが」

——洋上風力もやっていますか？

「大会社が洋上風力を作ったりしていますが、それには批判的です。なぜなら政府の風力への投資は脱原発の見返りのプレゼントにすぎず、発電コストは高いし、海上からの送電線網を作るのが大変。だから買い取りコストも高い、それで今盛んに作られています。我々はオンショア、全部陸上です。エネルギーは地域内で作り、なるべく近くで使うのが一番です」

――ソーラーより風力の方がいいのですか？

「ソーラーは、もともと風力に比べて発電効率は悪いのです。風力が五〇～六〇パーセントあるとすると、ソーラーは二〇～三〇パーセントです。ソーラーは同じく政治的理由で、買い取りコストが急激に落とされて苦戦しています。この政策には反対です。せっかく再生可能エネルギーへのシフトが進み始めているのを力づけるべきなのに。日本でも三・一一以降、ソーラーの設置に自治体などが前向きになり、補助金も出し、買い取り制度もしっかりしたことは重要です」

フィリップさんはグート（いいですね）という言葉を挟みながら丁寧に話してくれた。

ドイツは平らな農地が多い、そこに内陸風車を建ててきた。

それから電気自動車を見た後、ゆるゆると霧の中で回る風車まで一五分ほど歩いて見学に行った。近づくと風力の機械はとてつもなく大きかった。

「最初に建てた風力発電機は小型で〇・五メガワットしか出力しなかった、いまは七・五メガワット出る。一基で三人家族五〇〇〇世帯の電気をほぼまかなえます。高さは一四〇メートル、羽（ブレード）の長さ四〇メートルで森の中にも設置できる。中は空洞で基礎は三メートル、平らな土地にまっすぐ設置しないといけません。実際に倒れた例もあります。

ユーヴィー社が行っている風力発電。なだらかな農地に大きな風車が回っている。

二メガワットの発電機で四億円くらいです。一〇年つかえば十分元はとれているので順次、大きいのに変えてゆく。古いのはポーランドにリユースで持って行きます。

メーカーはノルディックスか、風力業界のメルセデス（ベンツの会社）といわれているエネルコン社製。彼方に見えるのは、当社が安くていいものを共同開発したものです。最近のプロペラはブンブン言わずに音がしない。エネルギー効率はとてもいいです。二メガワットの風力一〇機で年間六〇〇〇万キロワットの電力が得られる」

そう言って、フィリップさんは風力発電の中を見せてくれた。空洞の筒の中にどこまでも金属の梯子がかかっている。風速が三メートル以上にならないと羽根は回らない。

風力は景観や低周波に問題のない適地を選んで建てます。ヴェルシュタットは人口三万人の町ですが、二〇一一年には電力を一七〇パーセント作りました」

日本の原発推進論者はドイツはフランスやチェコから電気を買っているじゃないか、というが、核廃棄物再処理工場建設の反対運動をしていたギートルさんも言う通り、ドイツはエネルギー輸出国でもあり、売ってもいる。

「一年は約八〇〇〇時間（三六五日×二四時間）なので、二〇〇九年に設置して三年ちょっとの間に二万一八八八時間稼働というのは優秀な成績だと思います。年に二回、メンテナンスで止めますが、ほとんど故障は起きません」

ヴェルシュタットの市民が年間に使う電気、一億四〇〇〇キロワットをこれでまかなっている。耐用年数が終わったら、コンクリと鉄とモーターに分解すればいい。簡単なシステムだ。作るときのエネルギーコストをペイするのに風力は九年、太陽光は七年かかる。理解ある出資者と、いい銀行が必要だ。建設主体は民間業者だったり、市民だったり、自治体で、ユーヴィー社は現在は企画と調査、メンテナンスだけやっている。先にも書いたが、カナダ、南アメリカ、コスタリカなどにも事業展開。シンガポールにも支社があるという。

私は北海道の石狩市に市民ファンドによって建てられた風力発電を見に行ったことがある。さらに風車を増やしたいというので、『通販生活』誌上で新しい風力発電のために読者の出資を募った。あっという間に三億円以上集まり、多くの世帯に地域で作られた電力が送られている。確かに日本で自治体などがよく立地を検討しないで、流行にのって風力を建てたものの、風が吹かないで止まっている例もある。

また景観に良くない、という人もいる。が、これは何を美しいかと考える美意識の違いによるもので、クリーンなエネルギーを作っている風車を見ることは私には喜びでこそあれ、景観の邪魔には思えない。また低周波の被害をいう人もある。これには人家に近い立地は避けなければならないだろう。さらに風がよく吹くところはその風に乗って飛ぶ鳥を巻き込んでしまうと批判する人もいるが、これを言いだすと動物を殺すこと、たとえば肉食などもできないことになる。

フィリップさんはこの会社では新しいメンバーで、専攻は地理学。そのあとオフィス内も案内してくれた。社内には電気自動車、その蓄電装置、ソーラーを乗せたカーポートなどもあって、これも一種の商品展示場になっている。小さな電気自動車でも三〇〇万円ほどし、同じ仕様のガソリン車の三倍ほどするそうだ。去年売られた車二〇〇万台のうち電気自動車はたった二〇〇〇台だった。速度は一三〇キロまで出る。

　本社の建物は木造。材は表面加工もしていないトウヒ材、オーストリアの会社が設計と施工をし、防災のためスプリンクラー、二重窓がついていて断熱は壁の中におがくずを詰めたりして、完璧。

「夏は照明は十分、本社の屋根やカーポートの屋根につけたソーラーでまかなえます、余ると売ります。冬は太陽の照る日も少ないので電力を買っています。暑いとき気温は三五度、寒いときはマイナス一〇度。夏は天窓から夜間の涼しい風を取り入れてオフィスを冷やしています。

　地下に防災用スプリンクラー用の水があり、夏はそれを夜間に屋根の上に上げて冷やし、それで昼間の冷水冷房をする。約五度、室内温度を下げることができます。防災用の水をほかに何かに使えないかと創業者のフィレンバッハさんが考えた。これは世界ではじめてで、何事も前例主義の建設局から許可がでるのに数ヶ月かかりました。

　地下にはブロックアウト（停電）したときのための非常用電源六〇キロワットもあります。火事に備えスプリンクラーを九〇分動かせるように。それと非常用の照明、使ったことは一回あります。四八ボルトを約五〇〇〇台設備している。

　冬は外から冷たい空気を取り入れ、それを排熱で温めて熱交換する温水暖房です。それで足りないときは太陽熱のコレクターからとったエネルギーで床暖房をしています。火力発電にせよ原発にせよ、いったん化石燃料を燃やして作った電気をまた熱に変え、暖をとるほど非効率なことはありません。

社員が四〇〇人のときに託児所を作りました。従業員を社会的にサポートするのは企業の責任。瞑想室もあります。いつ休憩をとるかは自己管理で自由、敷地内には診療所、バーベキューサイト、喫煙所、池、サッカー場、ビーチバレー、卓球、ジムなどもある。コンピューターとにらめっこのデスクワークなので、腰痛防止に体を動かす必要があります。昼間、電気を付けないために天窓や大きな窓をつけ、夏は日差しを遮るため窓のシャッターが閉まります」

そのあと社員食堂で食事をとる。デポジットのカードで払うシステムで、料理はなかなかおいしかった。

(帰国後、ドイツの再生可能エネルギー法〈EEG：再生可能エネルギーに転換していくための柱となる法律〉の改正により、ソーラーによる電力の買い取り価格が下がりドイツのソーラー発電市場は大きな打撃を受け、ユーヴィー社も一時は経営が悪くなったが、リストラなどで対応し、再生した。バイオガスや木質ペレットからは手を引いた。二〇一四年にマンハイムの企業と合併、日本にも支社を作り、日本では主に九州などに大きなソ

ーラー発電パークを作っているようだ）

三時に見学が終わり出発、この地帯はバーデンワインの製造地だそうな。日当りのいい南斜面にできた手でつむ少量生産だそうな。トウモロコシ、アスパラガス、ジャガイモ、果樹、三分の一が私有林、酪農家などが持っている。

ヴェルシュタタット市から三時間、バスで移動して、シュヴァルツヴァルト（黒い森）のオーバープレヒタール村にあるホテル、ガストハウス・シュッツェンに泊まる。部屋は大小様々で、ものすごく広い部屋にあたった人もいたが、私の部屋は女中部屋かと思うくらいに小さく、スーツケースを開く隙間もなかった。

食事のときにコーディネーターの池田憲昭さんに話を聞く。

「僕は長崎がふるさと、岩手大を出てドイツ文学でこちらに留学しました。そのうちやりたいことが変わって、フライブルクで森林学のディプロマをとりました。現在はフライブルク在住で、日本からの視察のお手伝いもしていますし、日本でドイツの森林管理についてて講演や実地にアドバイスをすることもあります。そのうちに考え方の共通な滝川薫さんや松田憲央さんと一緒に仕事をするようになり、会社を設立し、共著も出しました。

福島の原発以降、森を除染しているようですが、広大な森林に降った大量の放射性物質を除染はできるものではありません。またしてはいけません。自分の家の周りだけ除染してもどこかにそれが移っていくだけですし。汚染地域の木材は燃やしてはいけません。灰の処理に困ります。福島の高い線量地域に住む子どもや妊婦さんは行政の責任で移住できるようにした方が良かったと思います。国が疎開を計画的にやればできたことでした。

飯舘村にはもう住めないでしょう。そこが故郷である住民が帰りたいという気持ちはよくわかります。もう帰れないということを国が決めて伝えて、しっかり責任を持って移住をすすめなければいけません。でも政府はまだ帰れるかのような幻想を与えています。

それでも民主党政権が二〇三〇年までに日本の原発をやめると決めたことは、ドイツでも評価しています。でも遅かった。それにフランス、アメリカの専門家の支援は受け入れたが、ドイツの支援は断った（その後、民主党の野田政権は大飯原発の再稼動を決め、政権交代によってまた自民党政権は複数の原発再稼動を計画している）。

林野庁の若い官僚は、日本の森林管理をこれではいけないと思って勉強したがっていますが、省庁の考えが変わるのには時間がかかるでしょう。それより小さな市町村でやる気のあるところ、やる気のある起業家と組んで、先進事例を作れば国も動かざるを得ない。ドイツでもそうでした。連邦議会を動かすより、地方の行政と議員、市民運動がいまのドイツの環境システムを作ったのです。市民運動があって、脱原発を決めたので、後戻りはできません。後戻りしたら政権がつぶれます。

ドイツでもエネルギー政策は政治に左右されます。ソーラーは一時は奨励され、補助金もついたのですが、もう政治はソーラーが増えすぎたので、取引価格をぐっと下げてソーラーがこれ以上増えないようにコントロールしてきます。大企業がたっぷり儲けたあとの話です。都市では風力やバイオはしにくいですが、下水熱利用、工場などの排気熱を有効利用したらいいと思います」

昼間にユーヴィー社で聞いたことを復習してくれた。

これにつづけて北海道名寄の建築家鈴木敏司さんの話。

「ミュンヘン、札幌、ミルウォーキーというけど、この三都市はビールで有名、そしてほぼ同じ緯度にある。だから北海道では前からドイツの住宅に興味を持って、断熱や暖房を考えてきました。北海道ではペアガラスやトリプルガラスは前から使われています。三・一一以後の仮設住宅はみんな関東のハウスメーカーが北上してもうけましたが、阪神淡路大震災と違って東北の気候は彼らの考えたキャパを超えていた。寒い土地に対する技術がなかったために、結露やすきま風に悩む居住者ができた。今になって外側の断熱工事を追加でやっていますね。たまたま部材発注が間に合わず、普通住宅仕様の二重窓にしたメーカーはよろこばれています。小さな仮設住宅に大きな暖房設備を入れればいいだろうという考えは間違いだ。それより断熱をしっかりすれば、小さなストーブでも足りたのに」

東京大学の大学院生の女性は「都市計画の博士課程を出たところです。今の年配の先生はエコやソーラーの研究にはまだ消極的。でも私たちの世代はそれをしないといけないと思って学びに来ました」とのことだった。

一〇月八日　娘へ旅先からメール

「サトちゃん元気?　私の方は強行軍で、朝は六時起き、七時半出発、見学と夕食を終えてホテルに帰るのが夜の一〇時です。そのあとこれを書いています。でも書かないと忘れてしまいそう。ものすごい情報量なので。

とにかく勉強になります。主催者が一人、事故にあい、一人になってしまいましたが、そのかわりツアー参加者がみんな優秀で、おたがい自主自立、助けあっています。昨日、プレゼンのパソコンが壊れたときなど、東大の院生と情報産業の社員でさっさと対処してしまいました。夫は芸大の油絵を卒業した画家、奥さんは都心でギャラリーをしていた方ですが、山口の実家の建設会社を継ぐことになったご夫婦もいます。谷根千を訪ねたことがあり、ずっと雑誌をとってくれていたって。ドイツ語も話せます。

北海道からの建築家は岩見沢のお兄さん（注：筆者の義兄）と仲良しで、一緒にいろんな庭園や公共建築の設計をしていたんだって。ベルリンで会った人はお父さんが根津の質屋さんだったし、なんかご縁を感じる毎日です。さらに昨日から参加のフライブルクの村上敦さんは会ってみたら、前に新潮社の『考える人』のドイツ取材のとき通訳をしてくれた方でした。

いま、朝の七時過ぎですが、まだ空は真っ暗です。昨日は一日雨でした。先進的で学ぶことは多いけれど、こんな寒い国に暮らすのはつらいなあ。それでも、きょう見学する環境都市フライブルクは一番南の町。フランス、スイスやオーストリアにも近いので、ドイツで住みたい人気ナンバーワンです。それは環境都市として知られているからでもあるでしょう」

2 環境都市フライブルク

一〇月九日　池田さんの森のはなし

朝、フライブルクに隣接するブライバッハ村の森を見に行く。ここもシュヴァルツヴァルト（黒い森）の一部である。

森の中にいろんな木の見本が並んでいた。ブナやカシだ。日本ではミズナラなのにカシと翻訳されている。日本にはミズナラも二〇種類以上あるが、ヨーロッパでは四種類しかない。

池田憲昭さんの案内。

「日本のある国立大学の林学科では四年間で一週間も森に入らない。それでは樹種も覚えません。フライブルク大学の林学科は森の仕事ばかり。現地で覚えます。ドイツの森林面積は国土の三〇パーセント（日本は七〇パーセント）。そのうち九八パーセントは人の手が入った森です。日本ではまっすぐで、素直で、節のない木がいいとされますが、ドイツ人は節があっても気にしません。フライブルク市は林業経営では黒字。市がエネルギー公社、交通公社、森林公社などを組織運営して収益を上げています」

昔、京都大学名誉教授の四手井綱英先生の聞き書きで『森の人　四手井綱英の九十年』という本を作る際に聞いたことがある。ドイツは樹種は少ない。ミズナラ、白樺、シデ、菩提樹、トウヒ、米松（ダグラスファー）、モミ、松、一五種類くらいだと。先生は「だからドイツの森林学は研究が楽や。日本だと何百種類もの樹種を調べなあかん」。

確かにここの森に入るとヘンゼルとグレーテルが迷うのもわかるくらいに、昼なお暗い。このへんをなぜ黒い森というのか、針葉樹で暗い森だから。夜になったらもっと怖そうだ。なぜそんなに樹種が少ないのか？

「氷河時代が終わってもアメリカでは多様な種が残りましたが、それはロッキー山脈が南北方向だったから。ヨーロッパではアルプスが壁となり、南の種が生き延びられなかった。樹種が少ないからこそ生物多様性を大事にします。

森の効用は木を育てて売るだけではない。リクレーション、炭素の固定、酸素の発生（空気の浄化）、保水、災害や戦争時のシェルター機能などさまざまにあり、このへんでは多機能林業を営んでいます。あるいは統合的林業ともいいます。日本は長らく分離型林業でした。一斉に人工林を植えて一斉に切る。保全をちゃんとしないから、二〇一二年に発生した九州北部の洪水みたいに山の木が倒れる。あれは完全に人災だと思います」と池田さん。

四手井先生も「今まで日本の林業は森は木を作る工場みたいに考えとった。そうではなくて、森は日本の生態系の循環を守っている。だから私は林学講座を森林生態学と名称から変えたんです」と言っておられた。

雨量は一年に一三〇〇ミリで、日本とそんなに変わらない。

「枯れ木や病気の木をみんな切っていた時代がありました。しかしそれではキツツキが住めない。枯れた木を残しておくと、それだけで一本あたり一〇〇以上の種が増える。それで九〇年代からそういう木も残すようになりました。生物多様性があると害虫や病気に一斉にやられない。会社の人事と同じで、多様性のある人材を採ることが会社を強くするんです。

巣箱をかけたりするのは昔のやり方でお金と手間がかかるだけ、枯れ木を一本残しておいた方がずっといい」と池田さん。

多様性はドイツ語でフィールハルト、英語でいうダイバーシティ。木が育つのには太陽と、水と、土と、窒素が必要である。同じように見える森でも土壌は一メートルごとに湿度も土の堅さも違う。松食い虫みたいなものが杉や檜ででたら、同じような条件下で行っている日本の林業はおしまい。

ドイツでは全木伐採（皆伐）はしてはいけないことになっている。枝や葉は下においておく。それが肥料になる、カリウムなどの固定にも役に立つ。

「チェーンソーで切ってウィンチで道ばたまで出せば、あとは買い主の三〇トントラックがはいれる林道ができている。木の取引は道ばたで行われます。道はかまぼこ形にできていて、道の真ん中が盛り上がり、山側にも溝が切ってあり、中に排水管も入れてあるので、道は泥だらけにならず水はけがよい。日本ではこんな道は伊勢神宮の参道ぐらいです」

と池田さんは笑う。日本では道がよくないため、木を切っても出したり運ぶのにお金がかかる。だから国際的競争力がない。四トントラックもはいれない。

「ヨーロッパではローマ時代からある道も、これと同じ構造で作ってあり、いまも壊れていません」

路盤材をしっかり入れて、砂利を引いてという この道作りは四〇年前からやっていて、市が八割補助、一メートルあたりのコストは六〇〇〇円くらいだが、日本でやると一万五〇〇〇円くらいになってしまう。人件費の高さなどもある。森の財産をどう保全し殖やす

シュヴァルツヴァルトに属するブライバッハ村の鬱蒼とした森を歩く。道は木材を運べるように整備されている。

か。木は毎年育った利子分だけ切る。個体をよく見極める。同じ樹種でも、遺伝子と生えているところの環境が影響するという。

「いい木を育て悪い木を間伐する。威勢のいい伸びる木を選ぶ、これを将来木施業といいます。間伐して光が入ると下草が生える。稚木が生えて植えなくても更新するんです。親木を切るとろくなことはない。周りの木が不安になって伸びないんです。寄らば大樹の陰。人間と同じ。それぞれの木が自立できるようになったら、自由度を少しずつ広げる。

将来性のある木に日が当たるように間引く。トウヒは自然に枝が落ちます。木材一立方メートルあたり生産者価格は九〇〇〇円、コストは平均六〇〇〇円。そうすると三〇〇〇円くらい儲かる勘定です。運ぶのは買った業者。現地取引価格なので、運賃はかかりません。買った業者は玉切りして製材所へ運びます。たとえば森林を一〇ヘクタール持っていると一億の資産ということになる」。池田さんの説明は明快だった。

福島の子どもを保養にドイツに連れてくるプログラムもある。そのときは森の中で遊ばせるのが一番。この前、飯舘村の子どもたちがきたという。

「森林官は大学をでて森林計画をする人で、ドイツに五万人います。昔は封建領主につかえるハンターでもありました。実際の作業員の最高のランクはマイスターで、これも五年の教育をへて一〇万人、これだけで一五万人の雇用がうまれています。

この森林から発生する仕事で、製材所、運輸、パルプ産業、住宅産業、木工業など一三〇万人の産業になっている。家の新築は少ないですが、修復や補強の建設工事が地域のちいさな工務店に担われています。フライブルクにも森の管理だけで相当の行政職員がいます。個人の森にサポート助言をする仕事もありますし。ドイツの木は、フランス、スペイン、イタリアなど、ぶどうやオリーブばかりで大きな森のない国に輸出される建材が四割、紙にするのが五割、これはリサイクルが主流となっています。カスケード利用といって、一番いい材を楽器や高級家具につかい、次は建材にし、次はベニヤパネルにし、最後はチップ（木を細かく砕いたもの）や薪にする。無駄のない利用です」

カスケードとは人工的に作った階段状の滝のこと、カスケード利用とは段階的に利用することである。

池田さんの話は続く。

「ドイツと比べても日本の森林面積は多く、資源には恵まれている。

それなのに八〇パーセントも木材を輸入しているのはなぜか？　それは外国材の方が安いので、蓄えているだけで切らないからです。

ドイツでは小さな工務店と小さな製材所、家具職人などが地域に根付いて仕事をしている。木材クラスターといってぶどうの房状態に産業が連関し、お互い支えあっています。

木は重くてかさばるから長距離輸送に向いていない。家を建てるにも地場の材を利用するのが一番効率がいいのです。

またドイツでは手の仕事が尊重されていて、経験と実績のある職人はマイスターと呼ばれます。職人は三年間腕を磨くために道具を持って放浪します。やらせてくれといって住居と食物を与えられてヒッチハイクする。

バイオマス、チップ、ペレットといってどんどん木を切って燃やそうとしますが、木を切りすぎるとその民族は滅ぶ。ギリシアもローマもメソポタミアもそうでした。

間伐材を安易に燃やすとNO_2（二酸化窒素）の固定が難しくなります。都会では薪ストーブは向きませんが、ペレットという選択肢があります。これなら部屋で使っても煙がでません」

村上さんの語る交通と住宅

一〇時半にいよいよ、フライブルクの町へ。フライブルクの都市は一五〇〇年くらいにできた。意味は「自由な町」。町が完成するのに二八〇年かかったという。フランクフルトとバーゼルを結び、シュヴァルツヴァルトとライン川を結ぶ交通の要衝。人口は二三万人くらい。現在は先進的な政策を次々と打ち出し、環境都市として知られている。

フライブルクを案内してくれる村上敦さんの話。交通問題、エネルギー問題が専門。土木を勉強してゼネコンに勤め、何か考え方が違うと思って、フライブルクへ。大学に籍を置いたが、エッセイなど書いているうちに、視察者の通訳やコーディネートの仕事が忙しくなった。

「ドイツ人の妻と子どもができて、こちらに居着きました。町中は家賃が高いので郊外の村に住んでいます。とてもいいところです。一ヶ月五一ユーロのパスでバスもトラムも鉄道も一八の会社で総延長二八〇〇キロ、乗れますから便利です。それはフライブルク市が提案して、各社が提携したわけです。フライブルクでは四方向に八路線トラムは走り、七〜一〇分に一本必ずくる。一回乗る場合は二・二ユーロ、五人グループの一日券は一五ユーロ。パスを携帯しないと無賃乗車で四〇ユーロ徴収されます」

ドイツに来てからこのグループチケットというのを何度も聞いたし、使った。日本でもようやくスイカやパスモでどこでも乗れるようになったし、私鉄と営団地下鉄などの乗り入れも進んできたが、まだまだドイツほど、何でも乗れる「市民パス」があるわけではない。

「貧乏な人の多い地区は無賃乗車する人が多いので、見回りの回る率が高い。市民のほとんどは免許証は持っていますが車は持っていません。持つ必然性がないからです。カーシェアリングの会員になれば、市内にある車をパソコンで予約し、カードでドアをあけ、中の鍵を出して発車できる。二〇回に一回、予約がいっぱいで使えないことがあるが、ほぼこれですむ。フライブルクでは半径四キロの中に九八パーセントの人口が住んでいるコンパクトシティです」

村上さんの話によると、この町でも、七〇年代はモータリゼーションがすすみ、車社会になっていたという。中心部も道路はアスファルトにして渋滞三キロ、家から出たとたんに渋滞が始まる、という風だったそうな。それでは空気も汚れ、家の財産価値もなくなり、市民生活も不便なので、市が政策誘導をして、中心部にトラムを走らせ、アスファルトの道を石畳に戻して、車は入れないことにした。車を持っている人はお金がかかるように、政策誘導した。

「車というのはガソリンを四リットル入れても、前に進めるエネルギーに変わるのは一リットルだけで後の三リットルは熱になってしまいます。それでボンネットが熱くなって、街に排熱されますから、夏は空気を暖めてしまうのです。そういう点でも街の中に車をできるだけ入れないほうがいい」

私は谷根千の街に車を入れないことはできないか、長らく考えてきた。たとえばよみせ通りなど、昔の藍染川を復活して、両側は遊歩道にしたら、どんなに楽しい商店街ができるだろうとか。高台の諏訪道も、散歩や見学者の多い道なのに、王子方面への抜け道になっており、結構車が多いが、これも車が入らない街にできないか。そう言うと、すぐに住民の利便性はどうなるんだ、配達の車が入れない、という反対に出会う。しかしヨーロッパの街の歴史的中心部（イタリアならチェントロ・ヒストリコ）はほとんど車を入れない。ドイツでも小さな町は外側に駐車場を設け、街中には住民以外の車は入れないところが多い。そのために石畳の道で、アイスクリームを舐めながら、ウィンドウショッピングも心置きなく楽しめる。日本も観光立国を言うのなら、このくらいの政策誘導は必要だし可能だろう。
また東京では唯一都電荒川線を残して、都電は廃止してしまった。でも、これから人口減少に向かう東京では、車の数を制限して公共交通の都電を復活したらどうかと前から思っている。都電の停留所は隣のが見えるくらいに近かったし、ステップも二、三段で高齢者にとっては長い階段を昇り降りする地下鉄よりはるかに優しい乗り物だ。

フライブルクの中心地はいつも多くの人で賑わう。車は入ってこられないが、トラムは乗り入れてくる。

「フライブルクでは市内のどこに住んでいても二〇〇メートル歩けば停留所があり、町中まで二〇分以内で出て来られます。車体を低くし、ステップを最小にし、お年寄りに使いやすくする。ただし時速は三〇キロくらいは出ます」

　確かに日本の都電より、広々とした車内に、自転車や大きなベビーカー、犬も連れて乗り込んでくる。

「またエリアを決めて、食べ物や日用品は町の中心部でなくては買えないようにし、郊外型大スーパーの進出を押さえ、中心部のにぎわいを生み出しました。反対に外側の道路沿いには日用品以外の家具や車の大きな店がありますね」

　中心部ではトラムの軌道と歩道の間に溝をもうけ、川から水をとって流し、せせらぎを作ったりしている。もっともこれには歴史があるらしい。昔は家の前に溝があって、二階から溲瓶（しびん）の中身をあけたりしていた。町中を水が流れていると

フライブルクの大聖堂前にはマルシェが立つ。自家製のジャムを売るお兄さん。

いうことは町を清める上で大切だった。フライブルクは古来、塩の街道ですごく儲かり、人口二万人のときに大聖堂を作って維持したが、いまは二三万人いても維持が大変だという。

交通についての話は以上である。

町なかのヴァインガルテン地区では古い公営住宅を断熱改修していた。

「ご存じのように日本は持ち家政策で五〇〇〇万戸の家があります。ドイツは日本の七割の人口ですが、すでに四〇二〇万戸の世帯に対し、同じく四〇二〇万戸の家があるので計算上、住宅は足りています。世帯数にはカウントされても、独身者のシェアハウスや事実婚の世帯もあるので、三パーセントくらいが空き家です。またそのくらいの空き家はないとギチギチで、引越しもできません」

日本は市場原理でどんどん建売住宅など新築を建て続け、古くなった家、立地条件の悪い家は空き家として放置される。一三パーセント、一〇〇〇万軒も空き家がある。これが二〇二〇年までに二〇パーセントを超えるというから恐ろしい。

「そんなになるとドイツではスラム化します。ですから基本的に新築は許可されません。新築は年間一五万戸だけで補助も出ない。新築には厳しい燃費規制があります。既存住宅を改修していくのが主流です。新築だと平方メートル当たり五～六〇万円かかりますが、改修だと一五～二〇万円で済みます」

今までドイツで二回、たくさんの家が作られたことがあった。一八九〇年から一九一四年くらいまでに現在ある住宅（ストック）の三〇パーセントが作られた。その頃、イギリスに遅れて始まった産業革命が佳境に入り、その工場経営者などの中産階級向けの庭のある邸宅がたくさんできた。

「日本では田園住宅と訳されていますが、本当は庭園住宅と訳した方が正しい。

中にはアールヌーボー、こちらでいうユーゲント様式（ユーゲントシュティル）などの美しい建物もあり、エネルギー効率は悪いが文化的な価値がある。住宅としての価値も高く、高価格で取引されています。といっても戸数としては多くないので、こうした家で多少エネルギーコストが高くても大勢に影響はない。

一方、ドイツでは戦争で若い男子がたくさん死んでしまい、その分をトルコと条約を結んで、トルコの労働力を入れて復興を成し遂げたんです。道路を直し、教会のレンガを積み、住宅工事に関わった。その人たちは最初ひどい住環境に住んでいたのですが、彼らのために小型の集合住宅がたくさん作られました。そういう戦後の復興期にたくさん建てられた集合住宅、それを今できるだけエネルギー効率がいいように改修している」

　このヴァインガルテン地区で、改修の終わった建物とこれから改修する建物を見る。

「一九六八年頃の戦後復興期の建物で四〇年以上たちます。その頃は断熱材を入れないで作っていました。とくに一九八四年から市の公社が持っている集合賃貸住宅を徹底的にリフォームしました。二〇センチの厚さの断熱材を外から張り付ける。窓を三重ガラスにする。ベランダをかこって部屋にし、夏の日差しを遮るシャッターを付ける。これで夏は涼しく、冬は結露のない、エネルギー効率の高い家にすることができます。そうするとほとんど暖房はいらないんです」

フライブルクのヴァインガルテン地区の住宅。外側に断熱材を入れて壁が厚くなっている。窓ガラスは三重に。

窓とベランダからいちばん熱が逃げて行く。これを改修で防ぐ。軽量で加工しやすいが断熱性が低いアルミサッシはドイツでは普及しなかった。断熱はするが、いっぽう家の中を空気を回して、結露やカビが出ないようにする。

——メルケル首相はドイツで誇れるものはなにかと問われて即座に「窓枠」と答えたそうですね。日本は窓回りやドアなどの品質が低い気がします。ドイツのようなガッチリした耐久性のある部品が少ないし、いいものを付けようとすると値段が高い気がします。

「ここのバスも普通のバスですが、窓が二重ガラスなので、全く結露しない。日本の業界でもダブルを標準にしてしまえば、よいものが安く出回り、消費エネルギーを大幅に削れると思います。ドイツではダブルどころかトリプルが主流です。

集合住宅も四階建てを超えると、中産階級は入らなくなる。旧東ドイツでは失業率が三〇パーセント、犯罪も多い町もでてきて、そういうところは住民に見捨てられてスラム化していきます」

ドイツは一度ナチスが人種偏見政策をとったという反省があり、基本的に難民を受け入れてきたし、ゲットーの隔離政策の苦い過去からゾーニングもしていない。ゾーニング政策をとらないため、日常から移民背景を持つ人々とドイツ人がふれあい、フランスのような暴動にまでは発展しないという意見もある。

私はこの人道的な政策をとるドイツに尊敬の念を持っている。それに比べ、日本は難民も移民も認めようとせず、永住許可、労働許可、国籍を出すことに大変なバリアを設けている。しかし中東やクルド人などの移民をこれ以上受け入れることには、ドイツ国内でも治安が悪化するなど様々な論議があるらしい。ベルリンでは五パーセント以下しかドイツ人が住んでいない地区があるという。

ドイツには基本的に持ち家政策はない。持ち家率は四〇パーセントくらい。日本は六〇パーセントくらい持ち家である。

「郊外に庭付き一戸建てを建てるというのはアメリカ的な夢です。荒野の中に妻子を連れて乗り込んだ『大草原の小さな家』のような感じ。ドイツにはそんな幸福モデルはありません。賃貸でも十分、ステージに合わせて質の良い家に住めます。賃貸で公営だとこういう断熱改修もやりやすいです。その工事の間はいったん居住者に出てもらいますが、優先的にきれいになった元の住宅に入れます。一方、お年寄りになると集合住宅でエレベータ付きがいいという人も増えます。老夫婦に三ＤＫはいらないので、間仕切りもここでは変更して、前より狭い家にして賃貸にします。きれいになり、光熱費が安くすむ分高く貸せます」

前にウィーン郊外でカールマルクスホーフという共同住宅を見たのも思い出す。そこは一九二〇年代にできたアパートだったが、市がきれいに手を入れ、広くて住みやすい家にして、美しい集合住宅に変わっていた。しかし、美しく改修されたアパートから移民たちが追い出されることはないのだろうか。ちょっと心配だ。

「ソーラーや風力発電も大事ですが、そもそも冷暖房をしないでいい、照明をつけなくていい家にすることがたいせつです。というのは現状では総エネルギーの三五パーセントが暖房に使われるからです。給湯に三パーセント、冷房に二パーセント。高気密でなく高断熱、適気密。そうすれば温帯で湿度も高い日本でも、風通しのいい家でありつつ、化石燃料を使わずにすむ。そうすれば経済は地元で循環する。つまりロシアや北海のオイルや天然ガスにお金を払わずに、地域の工務店にお金が回る。日本のような大きなゼネコンはドイツにはなく、二〇人くらいの工務店の方が増えています。それに元々外国の資源に頼るというのは健康ではありません。これからオイルや天然ガスは輸入できなくなるかもしれないし、一旦安くなるかのように見えても、世界中で化石燃料が払底したら、産油国は石油価格を上げるでしょう」

ドイツではこれから分譲や戸建て住宅も断熱してエコ仕様に変えていくそうだ。一年八〇万戸のペースでやらないと、二〇二二年に原発をやめ、二〇五〇年までに脱化石燃料、再生可能エネルギーを九五パーセントまで持っていくという政府の目標に届かない。

「とはいっても日本には改修に値するような建物は少ないのが問題です。日本の公共建築は入札で一番安くできている建物です。日本の電力需要のピークはクーラーを使う夏ですが、全体としてエネルギーをたくさん使っているのは実は日本でも暖房なんです。電気のことばかり考えるのでなくエネルギー全体を見る目が必要です」

――地域の集中エネルギー計画はありますか。

「一軒ずつ暖めるより、地域で集中暖房をした方がずっと効率的です。フライブルクでは何カ所かで集中暖房をしている。当市では化石燃料を用いていますが、それでもエネルギー効率は圧倒的にいい。化石燃料で温めた九〇度の温水を地域でまわして熱交換器で各家で熱をとります。六〇度になって戻ってくる。それをまた暖めてまわす。初期のスチームヒーターのような効率の悪いものではありません。そしてメーターが回った分だけ支払う。各戸でエコ給湯をつけるより、熱漏れがせずずっと効率的です」

私の高校は大変古い建物で、しかしスチーム暖房がついていた。その上にお弁当を乗っけておけば昼に暖かいお弁当が食べられた。

「フライブルク近郊のニュータウン、ヴォーバンではペレットを用いて暖房しているので、その貯蔵庫が大きいですが、化石燃料を使わなくてすむ」
バイオ燃料であるペレットは、木が成長するときに吸った二酸化炭素を燃やして排出するので、全体としてはCO$_2$の量が増えない。これをカーボン・ニュートラルという。あいにくの雨だったが、そのヴォーバンを見に行こうということになった。

ヴォーバンの町づくり

フライブルクの中にヴォーバンと呼ばれる郊外住宅地がある。北海道の五稜郭にも影響を与えたフランス人軍事要塞設計家のヴォーバン、その名前をとったフランス軍の基地跡地の兵舎跡を住民が占拠して住みついた。当時、住みやすい人気都市フライブルクはつねに住宅難であった。

冷戦時代は東ドイツにはソ連軍の基地があり、西ドイツ側にはNATO軍の基地があった。ソ連の崩壊後、それが必要なくなって、やがてそこは住民主導の本格的な自主管理型の住宅地になっていった。住民たちは低所得者やシングルマザー、移民や学生やアーティストでも住める町を構想し、実現に着手した。

ヴォーバンは様々なタイプの住宅の実験場のようである。ここには二〇〇五年にも新潮社の『考える人』の取材で来た。

セル（日本でいうスケルトン、骨組みだけ）を買ってあとは個人で作る人、グループで丸ごと一棟買ってコーポラティブハウスにする人もいる。建築に業者を入れると結局お金がかかるので、もうノウハウは蓄積されて本も出ているからと、安く部材も仕入れセルフビルドした家もあった。もちろん賃貸も。

郊外住宅ヴォーバンでは、みな思い思いに家を作っている。

地域内の植栽はみんなで管理する。直径四〇センチ以上の大木は必ず残す。木は空気を浄化する大切な環境材。これ一本で昆虫や鳥がきて生物多様性が守られる。敷地内に小川が流れ、ビオトープや馬のクラブがある。

道の真ん中を通っている溝は雨水浸透ます。道路をアスファルトで覆ってしまうと、雨は降っても地中に浸透しなくなる。これによって都市型洪水を起こさせずに水を地下に戻す（最近は透水性舗装というのも出てきているが）。夜のうちにアルプスの冷気で町を冷やすため、住棟の間に風の道をあけてある。

エレベーターは高くつくので、一台に渡り廊下を付けてみんなで使う。いま三〇代の住民が多いが、いずれみんなが年取ったときに外付けする、そのための用地は残してある。作るときに先々のメンテナンスを考えているのが賢い。

地下駐車場を作るところもあるが、ここは作らない。前庭にガレージを造るのも禁止。二〇〇メートルいかないとパーキングはない。

住民が作ったビオの食材の店や服のリサイクルショップは情報交換の場となっている。子どもを三輪車に乗っけたヤッケ姿のお母さんがたくさん通り過ぎる。雨でなければこんな店は子どもでいっぱい。

買った建物の資産価値は年ごとに物価より上がっていく。そうしないと住み替えができなくなる。ヴォーバンでは三〇〇〇万円かけて作った家に一〇年住んでも、五〇〇〇万くらいで売れる例もあるという。

バブルの時代に東京圏ではどんどん郊外や近県にスプロール（無制限に都市を拡大すること）して家を造り、都心回帰がすすんだいまは、多くが空き家になって売れない。ドイツではそういうことが起こらないよう、コンパクトシティを目指しているという。

――でも日本ではコンパクトシティといいながら、事実、効率だけが優先され、過疎地や限界集落の切り捨てが起こっています。

「みんなが都心や市内に住みたいのではなく、自然あふれる周辺の村に住み続けたいという人もしっかりいる。昔からの集落は大事にしなければなりません。問題はこれ以上の無制限な開発を許さないということです。政府の仕事は国民の財産を守ること。どんどん建てさせてどんどん安くなって寂れ、住めなくなるのでは守ったことになりません」と村上さん。

夜はビアホールでソーセージを食べながら話はつづく。村上さんからはドイツのエネルギーシフトについて、補足説明を聞いた。

ドイツは第一次、第二次の世界大戦に負け、しかしヴァイツゼッカー大統領の演説に見られるように、ナチスの犯した罪に国家としてきちんとした責任を取り、戦後賠償も終え、経済的には同じ敗戦国日本と肩を並べて、奇跡の復興を成し遂げた。

――これからドイツは低成長時代をどう生き抜こうとしているのでしょうか？

「二〇一〇年にドイツのエネルギー戦略が策定されました。ドイツはカードをはっきり見せたと言っていいと思います。政府、建築家、弁護士、会計事務所、銀行が協力して二〇二二年までに脱原発、二〇五〇年までに一九九〇年比でCO_2を減らすという目標を立てました。再生可能エネルギーは一九九一年には三・四パーセントでしたが、いまは一九・九パーセントまで来ています。二〇五〇年に八〇パーセントが達成目標です。

つまりエネルギーを完全に再生可能エネルギーにシフトする。

これは投資効果もあり、地域の存続をはかる戦略、人口減、オイルの高騰などでやらざるを得ないことでした。日本でも事態は深刻なのにこうした戦略は練られていません。二〇五〇年に半数の自治体が消滅可能性都市となって消滅するといわれています。熊本と沖縄はなぜか元気がいいんですが。

長野県は県独自の戦略を立てました。どうやって県外に出る金を減らすか。それにはオイルや化石燃料を使わないのが一番ということになった。気候変動によっては人類消滅の可能性もありえますね」

——なぜドイツはこれほど明確な目標を策定し、それに向かって歩み続けられるのか。しかもそのような明確な政策誘導をできるスタッフをどうやって市役所に集めるのでしょうか？　日本の公務員は卒業時の新卒採用で終身雇用になって、「大過なく、目立たなく」で士気も低い人が多いように思えるのですが。

「ドイツでは市役所などの幹部は公募、下から上がることはありません。ここではすべて専門職ごとの採用なので、異動もない。異動したければほかの職に応募して転職。幹部は政党色があり、政権が替わると変わります。市役所の姿勢で町はよくもなり悪くもなります。市役所に能力の高い人が多く、市民の活動も活発で、ライプツィヒやドレスデンのように活気あふれる町を作ることに成功した町もある。フライブルクもその一つです」

と村上さんは言った。

3 ソーラーコンプレックス社

一〇月一〇日　再生可能エネルギーの会社

ボーデン湖のほとりからジンゲンという小都市までゆく。ジンゲンはエネルギーに特に意識が高いといわれ、緑の党が政権を取ったバーデン＝ヴュルテンベルク州にある。このジンゲンにあるソーラーコンプレックス社という、二〇〇〇年に市民が出資して作った再生可能エネルギー会社を訪問した。

広報担当のカウクラーさんが案内してくれる。ボーイッシュな髪の女性で、長い足にジーンズ、真っ赤な上着を着て、イヤリングやネックレスもしてとてもオシャレ。外を案内するときには真っ赤なアノラックをはおった。

「当社の目指すところはユーヴィー社と同じです。しかしユーヴィー社が世界中のコンサル事業に特化したのと違い、ソーラー社は二〇〇〇年頃に創立されましたが、いまも地域でしか仕事を展開していません。二人の従業員で始めた会社。いまは従業員は三〇人、株主は二〇〇〇人、市民の投資を促して自然エネルギーを作って売ることをしています。

この近くには原子力発電所もあって、原発反対運動が前からありました。問題は反対することでなく、行動し、新しいやり方を示すことだと、創業者は考えました。反対だけしてもどうにも事態は変わらないからです。原発なしでも、化石燃料なしでも暮らせる村の仕組みを作っていかなければなりません。

技術そのものはそんなにむずかしいものではないのですが、大変なのは村民の説得。創設者のベネ・ミュラーさんはジンゲン近くのマ

ソーラーコンプレックス社の広報担当のカウクラーさんがバイオガス施設を案内してくれる。

ウエンハイム村にエネルギー自立事業を立ち上げるときは、家にいるより村にいる時間の方が長かったくらいです。

環境にいいからやりましょうというエコロジーでは説得できない。住民がいかに得をするか、儲かるかで説得するんです。エコノミーよりエコロジーという標語がかつてありましたが、実際にはエコロジーよりエコノミー優先でないと動きません。

地域の外に出てしまうお金（オイル代、ガソリン代、電気代）がエネルギー自立をすることによって、いかに地域内で回っていくかを訴える。改修や集中暖房の建設や維持で雇用を生み出し、少ないお金で暖房や電気が使えるようになりました」

話は住宅のことに。

「ドイツで建築基準法に当たるのはバウオルドヌングといいますが、各州で決めていいことになっており、州によって耐震やエコの基準が違う。何かの問題が起こったときに新しく基準が設けられるのはドイツも同じ。建築家が別の州で仕事をすることもあるので、連邦政府は手本法という基準になるものを示しています。

バリアフリーが義務づけられてます。

住む人の健康が第一なので、建材に防腐剤などは使ってはいけない。

気密性の高い家を造るだけに建材の品質には厳しい基準が設けられ、それに違反した場合は裁判もおこります。

バーデン＝ヴュルテンベルク州は、五階建て以上の木造建物の火災警報装置や排煙などについてもきびしく定めています」

集合住宅でなく、戸建ての家を建てたいときは、日本のように大量生産のハウスメーカーでなく、設計事務所に行くのが一般的である。建築家は一人で年間に住宅を五棟くらい設計する人が多い。そして地元の工務店や職人に発注する。設計と施工は基本的に分離している。また建てる土地にどんな規制がかかっているかを事前に調べなくては家は建たない。

「Bプラン（建築的土地の用途と密度、敷地内建築許容範囲、地区内交通用地などの規制。これも各種の段階がある）にかかっているところでは、それに乗っ取って作るしかない。かかっていなければ建築基準法にのっとった形で景観に配慮しつつする。構造計算もきちんとする。構造計算だけやっているエンジニアリングの事務所に出す。

ドイツではもう一つ、一軒ごとにその家のエネルギー計算をしなくてはなりません。ドイツ工業規格と省エネ政令、ＩＳＯの規定に従ってやっています。熱がどうして逃げて行くか、それをはかるソフトがある。窓が小さければ一番燃費がいい。

ドイツではその建物がおかれている環境の中でのエネルギー計算をします。年間の気温、日照時間、その他を考慮する。それに壁、屋根、窓の組み合わせ加えます。間取りや住まい方は自由です」

後でこのエネルギー計算について専門家に聞いてみたところ、日本ではエネルギー計算は建築学のカリキュラムに入っていない。ドイツでも失敗はあった。結露やカビができやすかったり、余分な寒さや暑さが伝わりやすいヒートブリッジがあったり、断熱材にキノコが生えたなどということがあった。

「条件を満たさない建物には銀行が融資しないのです。土地と建物の資産価値を高めるのは銀行、高まらないような建物には金は出さない。建前や竣工のときはその計画書どおり建てているかどうか、市役所でなく、銀行がチェックにきます。とにかく家屋を建てるということについても日本は自由競争に任されて、建売などをバンバン建てて、売って儲けるが、ドイツでは環境に寄与するかどうか、建て主の資産価値が上がるかどうかということを細かく考えて作っている」とのことだった。

昼食は築一七〇年の木組みが見える、古い建物の食堂でパスタをいただいた。

午後は小水力発電を見に行く。これは最近注目されている。言ってみれば原理としては村の水車小屋の復活といった感じだった。古い水路を復活して機械をまわし、これで年間七〇万キロワット、二〇〇〇世帯の電力をまかなう。私でもわかるとても単純な物理的な仕掛けだった。

ゴミ埋め立て場跡地をソーラーパークへ変えたところも見せてもらった。埋め立て場の上に粘土質の土、普通の土をかぶせて緑化し、そこに三万二〇〇〇枚のソーラーパネルを設置、作った電気を売る。雪はそれほど降らないし、表面がつるつるしているので降ったとしても滑って落ちる。自治体から土地を借りており、売電の一、二パーセントの金を地代で納めている。

ジンゲンからほど近い、マウエンハイ

ソーラーコンプレックス社の企画。ゴミ処理場を緑化した巨大なソーラーパーク。

ムのエネルギー自立村を見に行く。ホテルや農業者の多い集落で、バイオガスを使った電力と熱エネルギーの送出をしている。ここでの方法はこうだ。トウモロコシを乾燥させて粉砕する。これを発酵させて、牛の糞を混ぜ、発生したメタンガスで発電して売り、そのときにできる熱を温水に伝えて、域内を循環させ、家を温水暖房する。家庭用の水道水も別の管で暖める。

夏の間はそんなに熱は必要ないので、冬に使うチップを乾かすのに使い、それでも余るとラジエーターから放出。冬の間は温水や暖房にはこれで間に合うものの、照明や電気器具を使う電気がこれだけでは足りないので、外から買っている。それでもずっと光熱費は安くなった。

「トウモロコシはドイツ人はあまり食べません。ほとんど畜産用飼料ですが、食べられるものをエネルギーに変えていいのか、という議論は確かにあります。発酵の際、匂いも出ますが、集落からちょっと離れたところにステーションをおいていますので、各家庭までは匂いがとどきません。

反対にそれまで各戸で払っていたオイルにお金を払う必要がなくなりました。それに各家庭でオイルの匂いもしなくなったわけです。

道の下に管を通す工事、家の中に熱交換器を取り付ける工事が必要でした。それもソーラーコンプレックス社が行い、どこまで誰が費用を負担するのか、行政、会社、住民ではっきり決めておくことが必要です。地域暖房に参加しない権利もあるし、あとから加入する人は管をつなげばいいだけです」

とカウクラーさん。つまり以前もたいていの住民は各戸でオイルを用いた温水セントラルヒーティングを使っているので、そのエネルギー源を石油からバイオガスに変えるだけで、それほど大がかりな工事も必要がないのである。

説得力ある説明だった。さて、セントラルヒーティングは日本ではほとんど普及していない。また、ドイツの農村は、教会を中心に人々は集住し、それぞれの畑までは車やトラクターで通っている。しかし日本の農村は自分の畑の中に離れて屋敷を構えている。この集中暖房システムがこのまま使えるとは思えないが、大変興味深い試みである。

4 オーストリアのヒッティサウ村

小型バスに乗ってオーストリア、フォアアールベルク州のヒッティサウ村へ向かう。ドイツとスイス、オーストリアの国境が入り組んでいるところ。

一八〇〇年代の木造旅籠をスタイリッシュに改築したホテル「ガストホフ・クローネ」に到着。地元の木を使い、暖炉には火が燃えている。静かな音楽が流れ

ヒッティサウ村のホテル「ガストホフ・クローネ」。外観は旅籠風なのだが……。

ている。家具は地元の職人の製作。

すてきな若いオーナーにシャンパンを振る舞われる。隣のレストランで食事、錦糸卵のコンソメスープとウィンナーシュニッツエル。大変おいしかった。一階には美容院とサウナ、マッサージ屋さんが入っている。スイスは物価が高いので、オーストリア側の国境に泊まるのは賢い方法だ。こんな山の中で楽しそうに暮らしているのはすばらしい。

地図を配ったり、全体の行程の説明などいっさいないので、どこをどう走っているのやら。

ホテル「ガストホフ・クローネ」の内部はスタイリッシュにリノベーションされ、使いやすくなっている。

一〇月一一日　一〇〇年後も住みたい村

オーストリアのブレゲンツのそばのヒッティサウ村に到着。オーストリアでは「Ｅ５」というエネルギー政策のコンペがあり、これに参加している自治体が環境への取り組みをして５から１までの評価をもらう。ヒッティサウはＥ４。この評価項目にはエネルギー政策や環境に対する取り組みのほか、「地元の野菜や肉を食べているか」というフードマイルもカウントされる。

市長の話（ドイツやオーストリアでは人口二〇〇〇〜三〇〇〇の日本なら村と呼べるようなところも市と言う）。

「生きる価値のある村。一〇〇年後に私たちの孫がここで喜びのある生活を送れますように一〇一の対策を立てる。

ここが生きるのに値する村であり続けるために市長としてがんばりたい。むかしオーストリアのアルプスのこの地方はまずしく、寒く、アルプといわれる地域のノマド的畜産を行っていた。夏は高燥な地域に牛を放牧しておき、冬は家の前におく。男の子は一〇歳で都会に出て行く。口入れ屋がザールの炭田の労働者に仕立てた。まるで人買いでした」

「アルプスの少女ハイジ」もそんな生活だったような気がする。おじいさんと羊を飼ってその乳を飲んで。高度成長期の日本の子どもは牧歌的な話として受け止めたが、白いパンが食べたいと願う、貧しい農村の話でもあったのだ。

「現在では森林は四一パーセント、通年居住者一八五五人の落ち着いた村です。観光は年間六、七万人が泊まる。銀行二つ、スーパー、病院、学校があり、弁護士もいるし、会計士もいます。風力発電や自動車の部品メーカーもある。ハイキング、スキーもできます。屋根付き橋、高齢者のためのケア付き住宅もあります。中小企業もあり、観光もあり、生活の利便性がある場所として都会から移り住ん

ヒッティサウ村は昔は貧しかったが、いまは環境政策が行き届いた、アルプスの美しい村として知られている。

でいる人も多いんです」

ヒッティサウのあるフォーアールベルク州は、かっこいい建物の多いところとして建築行脚に来る人もいるそうだ。いかにもチロル風の木造の合掌造りみたいな大きな家の間に、スタイリッシュなガラス張りや、四角い木造とガラス窓の家がある。高さ規制や色の規制はあるが、形や材質は決められていない。

でも緑が多く、建物自体が美しいからそれでいいような気がした。ここでは町並み保存は考えていないらしい。窓枠やドアの品質は圧倒的に日本よりヨーロッパの方がいい。だいたい、日本の住宅メーカーの家のまがいものぶりはどうにかならないか？　サイディングが、偽の石風、偽のレンガ風、偽のタイル風で、それもプレカットの現地組み立てだけなので、継いだところの目地がはっきり見えている。昔の日本の木造家屋は、下見板、瓦、引き戸、障子や襖に至るまで、自然素材でオリジナルだったのに。こちらでは壁面がこけら葺きなのも多く、鱗形や四角いのやいろいろあるが、これでも一〇〇年は持つので好まれているとか。

そのあと、エネルギー担当の市職員ゲオルグ・バルスさんから話を聞いた。

「学校ではエネルギーチームを作って、窓を閉める、換気をする、水を無駄に使わない、電気を消すなど、学校間で省エネ競争をして、浮いた分を学校が自由に使っていいことにしています。

公共建築の省エネ改修を断熱などですすめました。

交通も重要です。自転車を推奨し、公共バスは域内を三〇分に一本走らせています。隣町にある鉄道の駅まで二方向に走っています。

店が潰れたあと、みんなで作ったコミュニティ・スーパーもあります。地域内でしか使えない紙幣の発行、地域通貨もあります。コミュニティ・カフェもあるし。ゴミの分別も丁寧にしています。役所の公用車は電気自動車で、空いている時間は市民がネットで予約して使えます」

二〇〇〇人の人口だが役場職員はたった五人しかいない。一人は観光、一人は住民票、一人はエネルギーの担当だそうだ。市長は農民の子に生まれ、任期は五年でいま五〇歳、市長になって一年目だそうだ。自然の中で遊んで育ったという。議員も給料は出ないで、ほかの仕事を持ってやっている。議会は仕事のすんだ夜に開かれる。日本もこうなってくれないか、と思う。

省エネ建築の推奨、改修への州の援助もある。

村のチーズ屋さんを訪ねた。牛乳を持ち込むとチーズにしてくれるという。昔、大豆を持ち込むと豆腐にしてくれたという、村の豆腐屋さんのようだ。

パッシブソーラーハウスを見に行く

なだらかな丘の見渡せる美しいところにその家はあった。日本でもソーラーシステムをつけ、しかも風向きや通風、日照を取り入れて、家の熱容量を多くする、いわゆる「パッシブソーラー」の家は見に行ったことがある。女主人の話。

「私たち夫婦は三〇代で子どもが二人います。私は仕事を持っていません。田舎の村で暮らしたくてここにきました。ここから三〇キロのブレゲンツで夫は働いていますが、お昼ご飯には帰ってきます。

土地は別で、建物は三〇〇〇万円ほどかかりました。広さは一五〇平方メートル、このほか地下室と二階の屋根裏で一〇〇平方メートル以上あります」

三〇代で、なんと豊かな暮らしだろう。

地下は機械室、納戸、ランドリー、主婦の家事室になっていた。一階は広い食堂と居間。庭に菜園、ブランコ、砂場、テーブルがありアルプスを望みながら外で食事ができる。庭での暮らしが大切なようだ。子どもの遊ぶのを眺めながら夫妻は戸外ベッドでゆっくり。二階は寝室と子ども部屋。あと二人子どもが増えてもいいように予備の部屋も作ってある。

屋根にはソーラーがついている。一つは売電用も兼ね、一つは太陽光温水、使うより売る方が多い。こういうのをプラスエネルギーハウスという。家庭で小さな発電所をやっているようなものだ。

「冬寒くて熱が足りないときは木質ペレットを燃やします。温水はお風呂や台所で使う給湯と、壁のなかをパイプでまわす暖房用。パッシブなのでほとんど窓を開けなくても、新鮮な空気が入るようになっています。床暖房は嫌いなので壁暖房にしてみました。しかし冬、ほとんど暖房を付けなくてもあたたかい。それは断熱しているから。夏の暑過ぎるときは南側の外側のシャッターが下りて太陽をさえぎってくれます。外側には木の雨戸

ヒッティサウ村のパッシブソーラーハウス。南に面し、庭も暮らしの一部となる。

もある」

　昼食後、オーストリア、フォーアールベルク州ドルンビルンにあるシンクタンク、エネルギー研究所を訪ねる。この研究所は一九八五年に二〇人で始まった。建築家、エンジニア、法律家が集まって作り、二五〇〇の自治体に様々な提言をしている。

　建築担当部長の話。五〇歳、建築家でマイスターの資格ももち、二五年間のキャリア。自分でも設計がしたいが、いまは暇がない、よほど面白いプロジェクトがあれば参加したいという。

「フォーアールベルク州は三八万人、二五〇〇の小さな自治体からなっていま

オーストリアのシンクタンク、エネルギー研究所。断熱の方法なども展示される。

す。

孫たちのための一〇一の提言を出しています。サステナブルといっても子どもがいなくなっては仕方がない。子どもがどうしたらこの地域に留まることができるか？　生きるのに値する町を作れるか、それを考えつづけてきました」

自治体や企業がエネルギー研究所の会員となると担当者を付けてもらえて、以下のような相談ができる。

案内をしてくれたカッコいい建築担当部長。

＊まず、町の課題を摘出する。
＊町の都市計画――コンパクトシティ、庁舎の周りに公共建築を集める。
＊土地利用計画――生活、交通手段、新築戸数の管理。
＊自治体の建物の省エネ建築と改修。
＊供給と廃棄――ゴミの分別、生

活物資が村の中で手に入ること。
＊交通——住民も使える電気自動車。

個々の建物については、次のようなことを調べる。
＊建物の環境影響評価（バウエネルギー）の認証。新築計画を評価して1～5で評価する。そのパスが家を造る許可にもなり、売るときの価格にもはね返るので、必ず必要。いわゆる確認申請を構造や日照だけでなくエネルギーの面で評価する、という感じか？　エコでない建物は建てられないことになっている。
＊建物の評価にあたっては、次のような点を見ていく。
＊素材は塩ビ、石綿など、健康を害する化学物質を使っていないか？
＊その素材を生産するのにたくさんのエネルギーを使っていないか？
＊地元の材木を使っているか？
＊住民の財布からお金を域外にださず、地域経済を豊かにするか？
＊節約のための断熱、省エネルギーと地域での電力、熱の創出の組み合わせ。
＊その建物でどのくらい省エネできるか。

町で壁面ソーラーを見た。これなどは東京のマンションでも使えるかもしれない。ソーラーもこちらのものは壁材とみまごうばかり、深い茶色ですっきりしている。瓦屋根に乗せてもそう違和感はない。

一〇月一二日　ヴィンタートゥール市

最終日。今日も雨。

スイスもオーストリアも七時半始業。早起きだね。

スイスのエネルギー都市制度のなかでトップテンに入る自治体ヴィンタートゥール市を見に行く。

森をたくさん持っている。シュタットヴェルクという公営企業の話を聞いて、その運営している地域暖房、チップボイラーによる熱源を見に行く。インフラを公社化しており、電気の配電と供給、テレコム、熱の供給、自治体のインフラサービスなどを公社が担っている。都市部の小さな町でも公社がある。

ゲルン地区の公社では、六五〇世帯のマンションに熱供給をしている。サシャさんという背の高い背広の男性が説明してくれる。

最初から「みなさん、ありがとうございました」と過去形なのでみんな、笑う。すると「日本語を用意してくれた同僚に、間違えたらただではおかないといったのに」とたたみかけ、最後は「日本語を間違えるといけないから、日本語では挨拶しません」と結び、参加者は大笑い。

「ヴィンタートゥール市はスイスの首都チューリヒの文化圏にあり、人口一〇万五〇〇〇人、スイスで六番目に大きい都市です。大学があり七〇〇〇人の学生もいます。四万七〇〇〇世帯、三〇〇〇の会社もあります。

エネルギー公社は一〇〇パーセント公益企業で役所というより、エネルギーを売る企業です。

一八六〇年にすでにガスの供給をはじめ、一八七三年から水の供給を行い、一八八五年家の改修事業に手を付け、一九〇四年に電力供給、一九六五年にゴミ回収、二〇〇二年光ファイバーによる都市地域の供給などたくさんの事業を手がけています」

ほかに次のようなことに取り組んでいるようだった。

「電力消費については、客がどんなものを組み合わせて買うかを自由に選べる。値段は違う。

公社の建物の屋上にはソーラー・パネルが乗っている。

公共のバスやゴミ収集のトラックは天然ガスを使っている。

公社が省エネ対策のコンサルタント業務もして、省エネ効果をチェックしている。

ゴミ焼却で出た熱で地域暖房をし、ついでに町の電力の一五パーセントを供給している。改修によって年一八万トンまで焼却できるようになった。

蒸気を作ってコジェネで発電し、排熱の熱供給網が三三キロある。

これで四〇〇棟の建物に熱供給、一一〇ギガワット時。ガスの消費量を減らす。

二〇〇〇キロワット社会（一人が一年に二〇〇〇キロワットしか使わない社会）を目指す。

スイスの主要な都市一二でお互いにエネルギーを融通しあうスイスパワーを作っている。

二〇五〇年までにエネルギー自立する。

水力発電もすべてよいわけでなく、品質がある、環境にどの程度の負荷をかけているか？を計算する」

話の後、コープ（生活協同組合の売店）の中にある食堂で食事、そのあと、ペレットを使った市の発電所を見に行った。

スイスは日本の四国くらいの大きさ。木の消費量が多いのは薪とチップで、木質バイオマス。

午後、チップを燃焼させて発電と地域暖房を担う会社の職人気質のエンジニアに話を聞いた。

「近くの森からなまチップを持ってきて、ドリルで破砕して焼却炉にいれ、そこで熱を発生させ、それを電気に交換する。またそのとき出る熱で地域の集中温水暖房をする。その場合の水は水道水からカルキを抜いたものを循環させている。排気を無害化する過程でまた一〇パーセントの熱を生産し、環境基準をみたすきれいな空気にして排出する。その中でもどうしても出る有害物質は産業廃棄物として処理しています」ということだった。

ヴィンタートゥール市の発電所で説明をしてくれたエンジニア。

ソーラーアーキテクトのゼロエネルギーハウス

最後の見学である。チューリヒ近くにソーラーアーキテクトという省エネ住宅専門の設計会社が作った住宅を見に行く。案内してくれたのは女性建築家。この家はこの会社の社長の娘さんの家だとか。

「ここは棟と棟の間をあけて、南側に低い住棟を配置し、どの家にもたっぷり太陽の光が入るようにしています。

南側の窓は大きく開け、日差しを遮るベランダで、中まで夏の高い日差しがはいらないようにする。冬の日は低いので中まで入ってきます。暑い時期はシェードをおろします。省エネにするためには北側の窓はできるだけ小さくして冷気がはいらないようにしています。

屋上はソーラーで太陽光温水と太陽光発電を行っています。断熱と三〇度の温水で床暖房し、ほとんどエネルギーを使わずに室内を二〇度に保つ、いわゆるゼロエネルギーハウスです。

温水は調節することでお風呂や料理の給湯ができます」

天井に無垢の木を使い、壁は漆喰、床はスレート、モダンですっきりした部屋である。断

床はスレート、天井は木材となっているゼロエネルギーハウス。ここはチューリッヒに近い。

熱と循環で気温の管理をしているので、クーラー、ヒーターみたいな機械設備が部屋の中にでない。扇風機、ストーブみたいな設備もない。チューリヒ空港が近いが、ほとんど音がしない。三重ガラス窓で防音しているからだ。窓を開けなくても自然にきれいな空気が入り交換される。

集合住宅とはいえ、羨ましいような住環境だった。ただし、チューリヒ空港に近く、スイスは物価も給料も高いので、このフラットで一億円以上するとか。

スイスに居住する滝川薫さんの話では、スイスは銀行にたくさんの外資があり、給料が大卒初任給八〇〇万円という高さ。ドイツの医者や弁護士も高い給料を求めてスイスに移民することもある。スイスで稼ぎ、ドイツで暮らし、フランスでご飯を食べるのがヨーロッパの理想とか。

しかしスイスには世界で一番古い原発が三基、そのほかいくつもある。

電力は自由化されており、会社は大手が四社。そのほか中小が八〇〇社あるという。

この素敵なマンションを見て、うちの家の改造計画を思いつく。
1、窓を二重に付け替えられるなら、騒音の減少と自然換気のためそうしたい。
2、にせものフローリングを無垢に変え、壁紙は化学薬品などが危険なら天然ノリで和紙に張り替えたい。
その場合、床を無垢にできないなら薄い自然素材のカーペットにして天井を木の板にする手もある。でも、天井高がこんなにないから、天井を木材にするのはうっとうしいかなあ。

千葉に仲間と手に入れた「海の見える家」も住み心地よくしたい。三〇年前のコンクリうちっぱなしなら、断熱はしていないはずと札幌の建築家、鈴木さん。本当に冬に泊まると寒いのだ。断熱改修をする必要あり。一人で考え込んでいると、鈴木さんが相談に乗ってくれた。

「ガラス窓を二重三重にし、躯体を外断熱すれば断然使いやすくなります（要するにどてらを着せる。仮設住宅の断熱のように）。床はスレートや木を敷くことも考えられる。屋上の断熱も大事だろう。ソーラーは常住しないうちには向かない。しかし温水施設は単純でこわれにくく、安いので試す価値ありますよ」

ここにはより性能のいい薪ストーブを付けたい。そこでシチューなども料理できるようなストーブを、と自分なりの夢もふくらんでいく。


一方、このツアーで見たどの家もすっきりして広くて、使いやすそうではあったし、景色もすばらしかったが、商店街、居酒屋、喫茶店、郵便局、図書館、駅、バス、大病院などが近くにある東京の家もいとおしかった。今の、地域と共にある生活の楽しさを捨てることはしたくない。それに冬にマイナス二〇度になるのは寒さに弱い私にはちょっと。

生活の質ということを考えると一概にどちらが幸せとはいえないと思った。

しかし彼らは持続可能な地球のために、決断し、たくさんの工夫をしている。ドイツでは大義名分のあることには、多くの人が賛同し実践をしている。そのことに敬服し、取り入れたいと思うことが数多くあった。

ドイツでやっていることの肝要な点は、エネルギーシフトももちろんだが、「街の外にお金を出さずに地域内で回す」ということだ。地元の食材を買い、地元の職人の作品を使い、地元の工務店に改修を依頼する。そうすれば地域内でお金がぐるぐる回っていき、豊かな暮らしができる。それは私も長年心がけてきたことだ。それに加え、ドイツでは自治体がエネルギーや森林の公社を持ち、きちんと政策誘導をしている。日本では東京都が上下水道とゴミ処理をしていることを除いては、電力やガスのインフラは企業任せだ。

私はつい、節約方向で考える。車を持たない、電気製品を使わない、ストーブや電気を付けない。それも大事だとは思うが、ドイツではそうではなく、電気自動車を使い、エネルギーを地域で自給し、ろうそく一つで室温二〇度になる家を実現し、我慢しないで豊かな生活を享受する道を考える。大変合理的な考え方である。

5 フライブルクのエコホテル

一〇月一三日　世界で一番エコなホテル

密度の濃いツアーが終わり、湖畔の宿を九時に出て、チューリヒ経由でフライブルクに戻り、駅から二分のヴィクトリアホテルにチェックイン、石畳の道はおもむきはあるがトランクを引きずって歩く旅人、自転車の人には優しいとはいえない、とちょっと文句もいいたくなる。一泊一万円くらいの四つ星ホテル、でも「世界で一番エコなホテル」というので無理して泊まってみることにした。

部屋にあったお知らせ。

「当ホテルは一八七五年に建設。一九三八年、マルクス・シュペートが買い取ってキッチンを作り、レストランを開設。大戦後はフランスの司令部の建物として使われました。隣にあったドイツ銀行の建物は空襲で破壊されました。一九五七年、サウジアラビアの王様が買収しそうになったこともある。一九六四年、二代目カールの時代になった。評判の良いホテルとして、シェフが表彰され、モダンなエレベーターがついた。一九八〇年、改修と拡張が行われ、一九八五年、三代目のベルトラム、アストリッド夫妻が環境保護という新しいコンセプトを持ち込んだ。歴史性を重んじた二回の改造を行い、一九九九年、屋根にソーラーを付け、一六の部屋をその電力でまかない、あとは風力発電からエコ電力を買うことに。

二〇〇〇年に世界的な環境賞を受賞。二〇〇二年、エネルギーコンセプトの転換を行い、暖房と給湯をペレットストーブの発熱とソーラーでまかなうことにした。二〇〇七年に試験的に井戸を掘ったあと、冷たい地下水を用いた冷房を実現、いままでのクーラーの五〇分の一のエネルギー消費で済むようになった。二〇〇九年に断熱工事でパッシブハウスにした」

部屋にあった解説書。

「ゲストの皆さん、一〇〇パーセント再生可能エネルギーで電気と熱をまかなっています。

照明やドライヤーは太陽光、テレビは風力、環境保護をお楽しみください。暖房と給湯は木質ペレットを焚くのと、太陽熱温水器からとっています。屋上のデッキチェアで自分のエネルギーも補給してください。あなたのキーで三階の『太陽へのドア』も開きます。毛布はオーガニックコットンです。朝食は新鮮で健康です。この地方の地域の食材を用い、オーガニックのものも含まれます。卵はhappy chicken（平飼いで自由に動き回った鶏）のもの、コーヒーは持続可能な方法で栽培されたフェアトレードのものです」

早速、自室のキーで「太陽のドア」を開け、屋上を見に行く。太陽光パネルと

フライブルクのビオホテル、ヴィクトリアホテルの屋上。ソーラーシステムが作動していた。

ビオトープ、風力。サウナに入ってみたら、後から男の人が入ってきて密室で黙っているわけにもいかず、エネルギー政策について裸（お互いタオルを巻いてはいたが）の討論。ミュンヘンから来たその人は、

「我々ドイツ人はチェルノブイリの事故よりずっと前からみんなで議論をしてきた。とにかく核のゴミの問題が一番大変だ。原発を止めたところでゴミは何万年も残る。ドイツのゴアレーベンに最終処分場を作って核のゴミを一括管理するのが一番いいとはとうてい思えない。ゴミはそれぞれの原発のところに置いておくしかないのではないか。被爆労働者のことはあまり問題にはなっていない。ドイツはいまのところ過酷事故は起こしていないから」

と言っていた。誰に聞いてもこのくらいの明確な意見を聞くことができる。

フライブルクの町を歩く、木が多い、駐車場も木に隠されている。電柱がない。メインストリートには車が通らない。敷石と溝、トラム、鐘の音。フライブルク大学。大聖堂。「香港」なる中華料理店でスープとなすと豆腐の炒め物、おいしいが量が多く、半分も食べられず。胃が疲れているのかもしれない。八時から教会でシューベルトの『冬の旅』全曲のコンサート、やせたテノールがうたう。亡き父がこの曲を好きだったのを思い出し、涙あふれる。

町の至るところをつなぐトラム。市民は車に頼らなくても、このトラムを使って移動する。

フライブルク市民のための電気自動車は、予約をすれば誰でも使える。

三重窓で外の音は全く聞こえないエコホテルも、夜中、下のバーが週末のパーティでうるさく、部屋を変えてもらうことになった。

熊崎美香さんに会う

一〇月一四日　日曜日

ヴィクトリアホテル、朝の食事は確かにオーガニックでおいしかった。使い捨ての容器のジャムやバターもない。みんな陶器の容器に入っていた。

夜、明日から通訳でお世話になる熊崎美香さんに会う。

一九八〇年名古屋生まれ、昭島育ち。大学を出てからドイツに一年留学し、その後、日本のテレビプロダクション、広告会社などをへて、フライブルクに来て、社会教育団体で働いている。「ドイツ偏愛」だそうで、日本よりドイツの方がいいという。

「ドイツ人は夜はあたたかい食事は作りませんね。やることが雑なのは確かです。冬の寒さが厳しいから、太陽が好きで戸外の席から埋まるし、明るいうちは外でミーティングしようという。私の引っ越しは友達が自転車でやってくれました。民族差別は感じたことがありません。

　ドイツでは大学の格差はない、どこの大学出身かは日本みたいについて回らない、毎週日本の卒論なみのレポートがあり、私ならこっちではとうてい卒業できないかも。一方職業教育もしっかりして、パン屋はパンのプロにならないと店は開けない。気質はあたたかく、誰でも受け入れ、気取らない感じが好きです。でもジャーナリストとして立つつもりもないし、大学人になりたくもないし、どうしたら食べていけるか、悩んでいます。

　いままでにシェーナウへは仕事で二回、そのほか三回行きました。一回は大阪の議員団を連れて、一回は共産党の人たちのお供で。いまシェーナウの本を翻訳中です。通訳などにしても、シェーナウのことでお金をもらうのは罪悪感があります。視察の人が来すぎて、フライブルクのヴォーバンなども住民がいやがっている。『これ以上餌を与えないでください』という看板も立ちました。つまり『私たちは見せ物の動物ではない』ということですね」

　ちょっと胸が痛くなった。谷根千なども見学客が増えすぎて、住民が嫌がっているのを知っているからだ。熊崎さんが私のパソコンに『シェーナウの想い』をＵＳＢから入れてくれた。「どんどん使って広めてください。それが一番世界を変える道です」。

　あしたは電気の細かいことより、ウルズラさんの人間的側面と組織化を聞こう。

ホテルに帰り、明日のインタビューのために、『シェーナウの想い』をもう一度パソコンで見ながら、ことの経緯を叩き込む。何度見ても新しい発見がある。私がドイツに来た最初の動機はこの映画を見たことである。原発反対だけを言っていても始まらない。市民で電力会社を作って、発電や送電ができるなんて、素晴らしいことだな、と思ったのである。取材のためのメモを作ったので、「シェーナウという小さな町で起こった画期的な市民電力会社」について概略を説明しておこう。

一九八六年のソ連のチェルノブイリ原発事故をきっかけにフランスとスイス国境に近い小さな町シェーナウでは「原子力のない未来のための親の会」ができた。自分たちに電力を供給している大手電力会社KWR（ラインフェルデン電力会社）に①脱原発電力を配れ、②地域のエコ電力をもっと高く買い上げよ、③基本料金が高く使えば使うほど安くなり、節約をすると割高になる料金体系を見直せ、と市民たちは要求したが、けんもほろろだった。

一九九一年、KWRが「四年先の市との電力供給契約を前倒しであと二〇年契約すれば一〇万マルク払う」と言いだし、市議会は可決。市民は「これをご破算にせよ」という住民投票を始める。Ja（見直せ）多数で住民勝利。

それのみならず、住民は自分たちの電力会社ＥＷＳ（シェーナウ電力会社）を立ち上げ、市と電力供給の契約をする。

それに対し、ＫＷＲとそれを支持する市民が「ＥＷＳとの契約を撤回させよ」という住民投票を提起、今度はＮｅｉｎ（撤回しないで良い）と投票しなくてはならない。このややこしくむずかしい投票をぎりぎりで勝ち抜いた。

フライブルクの町の環境を示すブルースポット。オゾン、CO_2の量などがわかるようになっている。

さらに投票に負けたＫＷＲは今度は送電網を不当に高く売ると言ってきた。ＥＷＳは募金キャンペーンでいったん送電網を高く買い、その後、裁判を起こして、ＫＷＲの不当性を訴えて勝利。そして返ってきたお金で再生エネルギーにシフトするための様々な事業を行うことにした……。

さあ、明日に備えて今夜はもう寝よう。

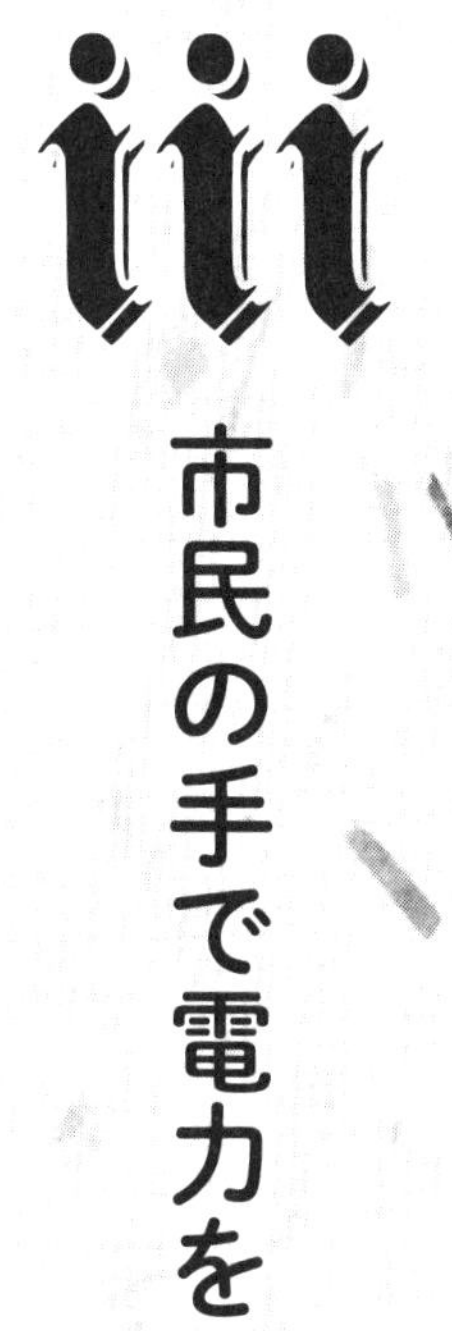

iii 市民の手で電力を

1 いよいよシェーナウへ

朝七時一五分フライブルク駅で熊崎さんと待ちあわせ。七時四二分の列車に一〇分乗り、キルヒツァーテルという駅で降りる。そこからバスで一時間くらいシュヴァルツヴァルト（黒い森）の山の中を走ると、もう紅葉真っ最中だ。トートナウでバスを乗り換え、九時一〇分にシェーナウにつく。二時間、はるばるも来つるものかな。とても寒い。水色のヤッケにリュックサックを背負った熊崎さんは、若いのでドンドン前を歩く。私は息を切らしながら後を追いかける。

街を一周した。本当にきれいな街だ。電線もないし、すべて水道も電気もガスも配管は地中を通っている。カトリック教会と市庁舎が街の中心になる。

ＥＷＳ（シェーナウ電力会社）本社は工場を改造したのか、のこぎり屋根、屋根にはソーラーパネルが載っている。約束の時間まで間があるので、あたりをぶらぶらする。隣の一九世紀に建った家をいま省エネ断熱改修中だ。幹線道路沿いで車の音がかなりうるさい。しかし本社も中に入ると断熱改修により、中はあたたかく、音も遮断できて静か。社内を案内してくれたのはマリオン・シュリンクさん。超ショートヘアのかわいい女の子だ。

「今年の四月にはいったばかりだから会社のことはあんまりわからないけど」

何を聞いてもいいですよというので、いろいろ質問する。

「ここでは一〇〇人働き、ほかに会社はあまりないから、地元の人間にとってはとってもいい職場です。家から近くて通いやすく、年金や失業保険、介護保険もあっていい職場だからつとめている人もいるし、この会社の考えに賛同して働いている人もいる。でも働いているうちに会社の理念がわかってきます。

スラーデェク夫妻は社員に大きなサッカーゲームをプレゼントしてくれました。デスクワークで頭が疲れるから、休憩を取って体を動かしなさいって。社員に株をボーナスがわりに配りましたが、株式は公開していません」

どんどん事業は大きくなり、新しい社員も多い。若くてかっこいい人もいるし、年輩の女性もいる。四人の理事と課長の個室がある。後は大部屋ごとに、顧客からの苦情処理係、契約更新や脱退手続き、加入対応係、料金の徴収係など、みんなデスクでパソコンとマイクに向かっている。割と広い部屋だが、斜めにデスクが配置され、目線が合わないようになっている。でも大きな声でしゃべればよく聞こえる。すでに一三万人ほどの顧客がいるという。

デスクや棚などは集成材の簡素なもの、白い壁に大きなモダンな絵がかかっている。すてきなデザインの照明。しかし昼間なので電気はつけていない。エクセルと請求書などの紙の事務仕事、年間三万キロワット時以上の特殊な顧客に請求書を出すという部署もあった。デスクにいる社員の女性に聞く。

「シェーナウに住んでいます。会社には電車で通っています。八時から五時までが勤務です。今日は重要な会議がありますが、出ない人にも会社の方針などは事前にメールがきて意見も言えるのがいいです」

ほかに保守点検係やエンジニアもいる。九七年創業時から働いている社長兼理事のエンジニアに話を聞いた。よく見たら、映画の中で、巨大電力会社から配線を買って切り替えていたマーティン・ハルムさんだった。

——会社は順調に伸びているようですが、どこまで大きくするつもりですか？

「もしもドイツの全員がエコ電力を買うようになってくれれば、営業をしなくていい時代が来るだろう。うちの会社では顧客は二〇万人くらいが限界なんじゃないかな。再生可能エネルギーを新しく開発したりは、これからもしていかなければならないね」

——創業から見ていて、ずっと順調だったのですか？

「小さなトラブルはありますが、まあ、順調といっていいでしょうね」

別の社員が地下のコジェネレーション発電装置を鍵まで外して中を見せてくれた。内燃機関（エンジン・タービン）で発電をし、そのとき出る熱も利用している。

「これがモーターでこれが熱交換器になっていて、騒音防止装置もついている。

EWSの地下のコジェネレーター（電熱併給ができる機械）。

これがジェネレーターで電気を作っている。こっちが温水を温めるシステムです。たいへん効率のよい機械です」
燃料はガスだという。動かしても見せてくれた。地下室はとても暖かかった。

――仕事をしていて大変なことは何ですか？
「お客から機械が故障したからって呼ばれて行くと、呼んだ人が家にいないことがある。それが一番困るね」と言う。

ＥＷＳの事業の元になる市民運動を夫とともに立ち上げたウルズラ・スラーデェクさんは映画で見るよりまた二歳年を重ねたはずだが、ブロンドの毛が柔らかく顔を縁取り、お茶目で柔らかな印象を受ける。一目で好きになってしまうような笑顔の人。藤色の麻のスーツを着て、茶色のパンツ、特長のある歩き方。自ら私たちにコーヒーを入れてくれる。表情が生き生きして多彩に変わる。熊崎さんに双方の通訳をしてもらう。

――今、日本ではドキュメンタリー映画『シェーナウの想い』があちこちで上映され、日本人に勇気を与えてくれています。そしてみんなシェーナウという小さな町とミハエルさ

念願かなって会うことができた、ウルズラさんと。

んやウルズラさんの大ファンになっていると思います。映画には出てこない、ウルズラさんの個人史を伺っていいでしょうか。

「どうぞ」

——どこで生まれ育ちましたか？　いつこのシェーナウに住むようになったのですか？

「私はヘッセン州のミルハイムという町で生まれました。父が服を売る店の店長をしていたので、その仕事の関係でシュトゥットガルトやデュッセルドルフなどいろいろ暮らしました。私は学校で教師をしていました。医者のミハエルと結婚してフライブルクやラーフェンスブルクに住みましたが、ここにきたのは一九七七年。ここの医者が年をとって医院をたたむというので夫があとを引き継ぐために移ってきました」

——シェーナウというのはどういう町ですか？

「この町の人口は二三〇〇人で、シュヴァルツヴァルトの中にあり、小さいけれど、交通の結節点になっています。ホテルもスーパーもギムナジウム（高校）もプールもある整った町です。この前までは病院もあったんですけど、残念ながらなくなりました。産業は手工業と製造業があります。おおきな歯ブラシ会社もあるし、自動車のランプを作っている会社もあるし、観光もあります」

——最初に来られたときはどんな印象でしたか？

「ちょっとむずかしい質問です。新しい医者とその妻がどういう振る舞いをするか、村の人が見ているのがわかりました。期待もあったし、注視もされた。私は自立心のつよい性格で、人の行動に合わせることが苦手なので、これには困りました。慣れましたけどね」

——子育てにはいいところでしたか？

「自然が多く、五人の子どもを育てるのには理想的な環境でした。二人の娘と三人息子がいますが、上のお兄ちゃんが下の子を連れてよく森に遊びに行っていました。小屋を建てたりしてね。ティーンエージャーになると、町の中にはそう娯楽もないので、自分で遊びを作らなくてはいけなくて、みんなで劇をしたり、バンドを作ったりしました」

――今のような環境運動を始めたきっかけはどんなことだったのでしょう？

「チェルノブイリの事故が大きいです。あのときヨーロッパ中が汚染されたのです。子どもたちは一番上が一三歳で、一番下が四歳でした。放射性物質がどのくらいどういう風に進んでくるのか心配でした。あの頃は外では遊ばせられないし、地元の新鮮な野菜も食べられなくなって、遠くの地域で取れた冷凍食品を買っていました。パン屋さんからいろいろ聞いたのですが、パン屋の店先で赤ちゃんを持つお母さんが何を買っていいかわからなくて、店先で泣き出したそうです。私の家でも庭の砂場がどのくらい汚染されているかわからなくなって、結局、砂を入れ替えました」

――そんな不安の中で、親たちが結束したわけですね。

「政治家が動いて何かをしてくれるかと思ったのですが、物事はいい方に動かない。事故があっても政策は変わらない。期待しているだけではだめだ、自分たちで何かをしなくてはと思いました。ドレッシャーさん夫妻が地元の週刊新聞に心配している親たちで集まりませんか、と小さな広告で呼びかけてくれて、私も連絡をして、集まりが始まりました」

――それは順調に始まったのでしょうか？　日本では新聞広告で市民運動を呼びかけるなんてことはないんですが。

「この辺は政治的にはとても保守的なところです。その頃も、今も。はじめは一〇～一五人ほど、子どものいる夫婦が中心でした。子どもが直接の被害者です。だんだん子どものない人や独身の人も、次の世代のことを考えて集まりました。いつもどなたかの家で。うちも子どもが五人もいて居間は広いから、うちでもよく会合をしました」

――夫のミハエルさんはどう言っていましたか？

「彼は医者ですから、チェルノブイリの事故をことに深刻に受け止めました。ニュースを聞いて一晩中彼は眠れなかった。原発事故と放射線が何をもたらすのか彼はわかっていました。私は事故の前はそれほど知識もなく、何が起こるのかは予測できませんでした」

――お子さんたちは事故をどう受け止めたのでしょう。

「子どもに対してもあまり不安を与えないように、親たちも落ち着くようにしていましたが、テレビや新聞、学校でいろいろ聞いてきて、知っていきます。それに対して親がしっかり答えられなければいけないと思いました。次には親たちが、子どものためにきちんと行動しているかが問われました」

――私たちも日本でチェルノブイリの事故の後、地域で原発についての学習会などを始めました。でも、ここからチェルノブイリまでと、チェルノブイリから日本までは距離が違います。こちらではもっと危機感があったでしょう。ドイツでも近くに原発があるのですよね？

「ライン川沿いにフランスの原発が多くて、中でもフェッセンアイムはここから三二キロ、事故があったら大変危険です。ドイツのヴィール原発でもワイン農家が反対しているのなどは知っていました。ですが、このシェーナウという山の中の小さな村ではそんな運動はありませんでした。原発のことにそれまでは関わってこなかった。どういうものかすらもわかっていなかったんです」

――学習会以外になさったことは？

「その頃はソ連の時代で、ドイツも二つに分かれていたのですが、チェルノブイリの近くのキエフの病院を支援して、医療器具か薬を買うお金を寄付したり、子どもたちをシェーナウまで招いて自然の中で遊ばせたりしました。夏に長いこと預かりました」

――被曝した子どもたちには、長期保養で、新鮮な空気を吸い、安全な食べ物を食べることがことに大事だと、言われていますね。

「ナチューリッヒ（もちろん、そうです）！　キエフへの支援は今も続いています。そのうち原子力を止めるためには、その分の電気を使わないようにしようという節電コンクールが始まりました」

――あれを思いついたのはウルズラさんなんですか？

「そうです。その頃、私たちの使う電力のうち、四〇パーセントは原子力発電でしたから、その分、使わないようにしよう。電気を使いすぎだとはみんなわかっているんですが、なかなか今までの習慣を改められない。考えたのは私、みんなスポーツの競争とか、賞品とか好きでしょ。で楽しいことを、何か節電のきっかけになることをしようと」

――どんな商品を出したんですか？

「みんなでお金を集め、一等はイタリア旅行だったかな、そのほか商品券とか鉄道の割引券とか、ワインやお花のクーポン券などいろいろ」

――節電コンクールに反対する人はいなかったですか？

「ナチューリッヒ！　別に反対はありませんでした。節電の仕方の知識を得られたのも良かったとみんな言っていました」

――政治活動でもないし、いいことですものね。その次のステップは？

「そのうち私たちの地域の電力会社であり、原発にもお金を出しているKWRに、

1、原発由来の電気を使わないこと。

2、住民の作った電気をちゃんとした価格で買い取ること。

3、使えば使うほど安くなる料金体系を見直す。

この三点で市民から合理的な提案をしました。でもそれは全く冷たくあしらわれました。

もちろん、最初からうまく行くなんて考えていたわけではなかったけど。

そこで、私達は真剣なんだということを示すために、『そうだ、送電線を買っちゃえ。そしてきれいな電気を流して売ろう』と誰ともなく言い出して、みんなできるような気分になりました」

――映画ではスラーデェク夫妻に焦点が当たっているように見えますが、本当にたくさんの市民が一緒に立ち上がったのですね。

「ナチューリッヒ（そうそう）。確かに私と夫はモーター（機動力）になったのですが。ドレッシャーさんやベッチェルさんも中心になり、私たちを支えてくれる人がいました。アイディアを出したのは私たちでも、それを実現するまでにはたくさんの人の力が必要でした」

――私たちも近くの大きな池に地下駐車場ができそうなとき、外には出られない、家で寝ているお年寄りが、手紙の宛名を書いたり、チラシを折ってくれたりしました。

「そう、そう、それが大事。年配の女性たちは封筒に呼びかけやフライヤーを詰める仕事を今でもしてくださっています。時間があるときにお茶を飲みながら、楽しみながらやっておられますね。

そのあと電力会社が四年先から二〇年先までの独占契約を市（自治体）と結ぼうとしたの

で、そんなことされちゃ大変だと思い、『それを見直しますか』という住民投票をした。見直しますか、なので、Ｊａ（はい）というのが私たちの答えだった。Ｊａと書いたパンを一〇〇〇〇も！　作ってくれたのは町のパン屋さん、材料費だって一銭も払わなかった。このときは五二パーセントを得票して私たちが勝ちました」

――日本では住民投票というのは滅多にしないいんですが。

「ここでもそれまで誰もやったことはなかったと思います。でも今では住民投票という方法があることも、やれることもよく知られました。最近ではリトアニアで原発をめぐる国民投票が話題になっていますよね」

――今日（二〇一二年一〇月一四日）ですよね。結果はどうなったんだろう。

「原発の建設が否決されました。投票率も五〇パーセント以上あり、六二パーセントが建設に反対しました。政治家がたとえ作ろうとしても、国民はそれを拒否できる、ということがわかりました」

――その後、自分たちで電線を買おうと。とうとう電力会社まで作ってしまったのですね。

「ええ、私たちは九一年に念願のＥＷＳという市民電力会社を作りました。そして市と電力供給の契約を結びました。議会でそれは可決されたんです。

でも相手もさるもので、今度は「市がＥＷＳとした契約を見直しますか」という住民投票をかけてきた。このときはものすごく誹謗中傷もされたし、本当に大変だった。住民の八五パーセントという高い投票率で、ぎりぎりの五二パーセントをとって私たちが勝った。勝ったなんて信じられませんでした」


——二回の住民投票を戦われたわけですが、そのときが一番辛い時期でしたか？

「ええ。住民運動を陥れようと向こうはあらゆる手段をとりましたので、精神的にも参りました。それにあの頃はあまり睡眠時間も取れませんでしたし」


——そういうときに何がウルズラさんを支えたのでしょう。

「重要だったのは仲間と一緒にやってきたということです。おたがいいたわり合い、慰め合うことができました。誰かが自分たちの運動に否定的な意見を聞きこんできてしょげているときは、運動に肯定的な意見を聞いてきた人から励まされたりね」

――こういう運動の中でお子さんたちはどう育ちましたか？

「子どもたち自身もこの活動に加わったんです。親たちの考えたことは子どもにも伝わったので、学校で議論を組織したりしました。でもそれで学校でひどい目にあったということはありませんでしたし、親が世の中を変えようとしているところを目の当たりに見られ、それが実現したのですから、良い勉強になったと思います。

それで一九九六年に協同組合を設立し、私は理事になりました。いまはこの会社の役員です。今会社には一〇〇人の社員がいます。町では大きな雇用を生み出し。シェーナウでも二番目にたくさん法人税を払っている企業です。普通の電力会社のように、利益を上げるだけが目的ではないので、市民参加、社員参加の経営を目指しています」

――そうするとチェルノブイリから二六年、会社設立からでも二〇年になりますね（二〇一二年現在）。

「この二〇年の間、私は遠くに講演にも行き、家のことをする暇もありませんでした。でもそのおかげで息子たちは自分で料理しないとあたたかいものが食べられないので、切羽詰まって料理をするようになりました。息子はとても料理がうまくなり、私は彼らの妻たちからは感謝されています。

子どもは母親がいなくて文句を言ったこともありましたよ。でも今は正しいことをしたんだから良かったと受け止めています」

――ミハエルさんとはずっと一緒に運動をされたんですね。

「夫ともいつも意見が合うわけでもなく、喧嘩もしました。夫婦ではあたりまえのことだけど、それでも議論はやめなかった。一〇年間くらいは医者の仕事も目一杯やっていたので大変でした。今は六五も過ぎたので、医師の仕事も少し減らし、その分、彼もＥＷＳの仕事をしています。

みんながあってこその運動で、ほんとうにみんなでやったことですね」

――福島の事故の後、日本人に何かアドバイスやメッセージをいただけますでしょうか？

「いま福島の状態を聞いてとても心を痛めています。重要なのは福島の事故を過去のことにしないことです。今までやってきた間違いを繰り返すのではなく、他の道を見つけることです。でも政府や電力会社は市民のやろうとしていることを快く思わないに違いありませんが、それでは未来がないということを政府と電力会社に突きつけることです。

ドイツではいま再生可能エネルギーを作るのに投資したり、事業を立ち上げているのは市民なのです。それは巨大な原発を作るわけではないので、市民が力を出してやれる地方分権を実現することができます。自分たちで行動すること、人に任せてはいけない、ということを申し上げたいと思います」

熊崎さんが私の質問を通訳し、それを聞いてウルズラさんが返事する。それをまた熊崎さんが日本語で通訳する。その手間がかかる時間を、ウルズラさんは嫌な顔一つせず、ニコニコ待っていてくれた。私が写真も撮り、ヴィデオも取り、ノートも取るのを、「まあまあ、大変ね」というような顔をしながら見守ってくれる。偉そうだったり、自分を大きく見せようとしたり、イラついたりしない。何度も同じようなことを聞かれ、飽きているに違いないのに。ここにも現場に深く根を張った、市民運動の手本のような、まっすぐで、寛容な、普通の人がいた。

もっと社会の業績や経営について聞きたかったが、約束の時間は過ぎていた。

「東京でも、いま伺ったお話を伝えます。映画も普及して、私たちのできることを考えてみます」そう言って、握手をして別れた。

2 周辺の人々の評価

ＥＷＳ社でのインタビューがすみ、昼ご飯はタマネギスープとマスのアーモンド焼き。やや甘い白ワインを飲み、興奮した仕事でどっと疲れ、眠い。

それでも街を歩くことにした。外は寒い。映画では夏の人通りの多い町を映していたが、今は閑散としている。映画にも出てくるプロテスタント教会を訪ねたが、葬式の準備で牧師は不在だった。

コーヒーを飲む。電気自動車のためのＥＷＳの充電機がある。時速一〇キロ以内で走らせるため、市役所前の道には時速を測る計測器があった。もう一つのカトリック教会が街の中心部にある。その前には昔、罪人を処刑した首つりの木。これも映画で映っていた。昔の市営水力発電所もある。

四匹のライオンの主人ワルター・カーレさん

夕方、食事はヌードルのスープとカタツムリを試してみた。おいしい。ビールがすすむ。食事が終わった頃、ここのシェフでオーナーのワルターさんに話を聞くことができた。ゆったりした体で、料理人の着る白衣の襟をゆるめてニコニコ語ってくれた。

ウルズラさんたちの活動の拠点となったレストラン「四匹のライオン」。

「この建物自体は三〇〇年経っています。ホテル兼レストランにしたのは、その昔、四人の兄弟がいて、三人は別々にレストランをやっていたんだ。末の娘は最初郵便局勤めだったが、ビールを売る許可をもらったので、名前をどうしようか、教会に行ったら。獅子王マークスにちなみ、四人兄弟なので四匹のライオンとしなさいと言われたんだそうです。私で五代目です。若いうちに父が亡くなったので母が経営してきた。だから料理は母に教わったり、自分で勉強しました」

そこになんと本物のミハエル・スラーデェクさんが現れ、やあやあと挨拶。

ウルズラさんの夫君で、医師で、夫妻でこの電力会社立ち上げの原動力になった人だ。今日もこのレストランで議員たちの会合だという。

「忙しいのに私たちにつきあっていていいんですか」とワルターさんに聞くと、「料理はもうおわったから大丈夫。みんなで飲んでいるだけさ」という。ミハエルさんはものすごいおひげに埋もれるようにパイプをくわえていた。

「ミハエル・スラーデェクはドイツの物語にでてくるひげの大男にそっくりでしょ。スラーデェク夫妻はこの町でいろんな影響を与えたね。昔から私も彼らと親の会の仲間で活動していたが、私は主要な役割をしめていたわけではなかったんです。

私は清冽な空気の秋という季節が好きで、森に入ってキノコをとるのが楽しみだったのに、チェルノブイリのあと、それができなかった。そのとき『我々は自分を壊してしまった』と思った。人類が発祥してからそれほどの時間は立っていないが、こんなことをしてしまって、孫や子にちゃんとした地球を手渡せるのか不安になったよ。

私は一九五二年生まれで、事故のとき三一歳だった。子どももいた。ちいさな子どもがいたことが事故の危険性に早く気がついた一番の要因だった。あのとき原爆のあとの広島はこんなだったのかなとぼんやり頭に浮かんだ。キエフの子どもたちを招待して夏を過ごしてもらったときのことも忘れがたい。三週間うちに滞在した一人、赤毛のかわいい女の子もその後、がんで死んでしまった」

そう言ってワルターさんは、白衣の袖で目を拭いた。

四匹のライオンの主人ワルター・カーレさん。

「今の暮らし方は間違っている。八月にも日本人がＥＷＳが何をしているか、見学にきて泊まったのだけど、寒いから暖房をつけてくれと言った。八月にだよ。こういう考えを見直さなければならないと思う。冬もガンガン暖房してＴシャツ一枚でいたり、夏に車の窓をしめきってエアコンをつけるというような生活をね。アフリカの子どもたちがどんな生活をしているか、想像力を働かせなくては」

——レストランというお仕事柄、食材のことは気を使うでしょうね。

「チェルノブイリから四半世紀経ったが、ここでもいまだに、キノコもイノシシも、食べてはいけないくらいの放射線量が出ることがある。私はできるだけ土地のものを料理したいと思っているのに。長い距離と時間をかけて運ばれるものは新鮮じゃないし、たくさんのエネルギーを輸送に使うし、倫理的にもよくない。よその国の食べ物を奪うことになる。動物だって長いこと運ばれたあげくに屠殺されるのでは気の毒だ。

うちのレストランでは牛肉も身元の明らかな、オーガニックのものを使っている。ワインもこの土地で作られたビオのものです。うちのレストランについたEMASというエコ認証を誇りにしています。

それでも、フランスのフェッセンアイムにある原発で何かおこったら、ここは二八キロ圏なので、もうすべてを捨てて出て行かなければならないだろう。

チェルノブイリの事故のあと、「親の会」は何かというとうちの店で議論したり、親睦を深めたりした。エネルギーの話が飛び交っていた。しかし住民投票のとき、うちの家族や親族は、スラーデェク夫妻らが新しく作った市民電力会社EWSに反対だった。それで家族がうまくいかなくなったこともあるけど、今となっては彼ら夫妻のいうことが正しかったと思う。ＥＷＳの関係者がうちにくるようになると、そのぶん反対派の客は減って行った。でもそれはしかたがないことだ。減った分、こんなふうに日本からも客が来てくれるわけだからね。最近は視察のお客が多い。スラーデェクさんだって、相当、患者を失ったかもしれない。しかし彼は十分生活していけるし、精神的には納得しているだろう。

彼は体も大きいが脳みそも一杯持っている。いい知識を持って知見の深い人だ。奥さんのほうは心の温かい、人づきあいのうまい人だ。落ち着いた物腰で、必要なことを的確にこなす。五人の子がいるが、二人が親とともに電力会社の仕事をしていることは彼らの教育がうまくいったことを示している。ただこれは活動を手伝った人たちがいたからできたことで、それは彼らは十分わかっている。いっぽう彼らが金のためにやったことじゃないことも市民はわかっている」

日本なら、息子二人がその電力会社に勤めたりしたら、「親のコネで入社した」などというやっかみ半分の噂が出るかもしれないのに、「親の教育が成功したから後を継いでいる」と評価できる度量にちょっと感銘を受けた。

「だからうちでも節電節水、家の省エネ改修、省エネランプを使ったり、地下にはコジェネレーターの暖房を取り付けた。それでサウナや温水プールを暖めている。客には冬に温水プールなんて贅沢だね、と言われるが、これは発電の廃熱利用ですよ、といって自慢している。

コジェネで作った電気が余ればEWSに売る。コジェネの暖房装置は一三年使ったものをこの前変えたばかりだ。夏はオーケーだが、冬、スキーにいって帰ってきた人たちが一斉にシャワーを使うときなどは温水が不足する。一番困るのが日本製テレビの待機電力で、コンセントがわかりにくいところにあるので、いつも付けておくから、それだけで一年に相当かかる。

うちの息子はいま二七歳だ。育つ過程で町ではいろんなことがあったけど、いい教育をしたと思っている。ドイツ人は働くのはそう好きじゃない。楽しみながら生きるのが好きなんだ。それはそれで悪いことじゃない」

ワルターさんはそう言って、ゆったりした体で立ち上がった。お客さんの飲んだり食べたりした皿やコップを洗うのに、もう一仕事あるのだろう。

私たちも木でできたベッドで、休むことにする。広々とした部屋にはこれも白木でできたクローゼットが付いていていて気持ちよかった。

プロテスタントの牧師さん

翌日。空が晴れた。寒かった昨日とは違い、キラキラ朝日に輝いて、昨日とは全く違う町に見えた。教会への坂道を登っていくと、なんとウルズラ・スラーデェクさんが赤い車に乗って外出するところに行き合わせた。

事前に約束をしていたのに、出てきた牧師さんは握手をしながら言った。

「きょうは間が悪いことにふたりも教会員が亡くなって、これから葬式の相談や準備でいそがしいんだ。ごめんなさいね、二つだけ質問を受け付けよう。それでいい？」

ここの教会の屋根には、たくさんのソーラーパネルが付いている。

――こんなに歴史的な建物の屋根にソーラーシステムを載せることに反対する教会員はいなかったのですか？

「そう、この教会は一九二四年に建てられてまだ文化財じゃないけれど、そのうち文化財になる可能性もあるので、ソーラーシステムをつけたいというときに、市のほうから反対もあったんだ。でも環境にいいことをするんだからと、議員さん一人一人を説得して回りました」

——どうしてここに取り付けることになったのですか？

「教会はそういう点で町のなかで、みんなが関わっていいことをできる象徴的な場所なんです。屋根にソーラーをつけたのは一九九〇年の一〇月だった。それは第一に神様が作られた地球、生きとし生けるものを大事にしようということです。それが環境保護。第二に親の会がチェルノブイリ以降、いろんなことをするとき、場所がないので、うちの集会場を使っていた。多くの信者さんも参加していたしね。電力問題のセミナーなどもこの集会室で開かれ、それでも手狭なほ

プロテスタント教会の牧師さんと教会の前で。屋根にはソーラーパネルが。

ど人気があった。住民投票は町を二分するほどの争いになってその時期はちょっと大変でした。しかしいままでのような配給される電力をたくさん使うような暮らしでない、オルタナティブな暮らしを志向する人も増えていった。

それには太陽がいいシンボルだった。キリスト教でいえば太陽は天の力だ。天の力を人間の力にする必要があった。その象徴がソーラーパネルだった。これは地球を神の力で救うことにもつながる」

——最後にもう一つ、日本へのメッセージはありますか？

「チェルノブイリの事故の後に原発の恐ろしさはわかったはずなのに、また福島で過酷な事故が起きて、たくさんの住民が自分の土地に住めなくなったことに怒りと同情を持っています。しかも日本はかつて広島・長崎の原爆という軍事的な核利用で苦しんだのに、またしても平和的といわれる核利用・原子力発電で苦しんだことに、なんともいえない怒りを感じます。とにかく人間は技術への過信をやめなければなりません。別の、誰でも理解できる技術によって電気を作ることは可能なんですから」

そういって、牧師は一緒に写真に収まると、にっこり笑って去って行った。

教会の鐘が鳴った。

ウルリッヒ・シャラゲターさん　反対派議員

やはり、当時の反対派の声も聞かなければならない。と保守党で政権党でもあるＣＤＵ（キリスト教民主同盟）議員のシャラゲターさんにもインタビューを申し込んだ。彼は自宅でガス入りの水を飲みながら、低いバスの声で話をしてくれた。

「きのうの夜、いたでしょう、『四匹のライオン』に。あなたたちを見かけたよ。私らは党派を超えて議員の懇親会があって夜遅くまで飲んでいたな。新しい市長が決まって、議員を招待してくれたんだ。議会をさっさと終わらせて早く飲みにいこうといって。今は議会ではあんまり問題や対立はないんですよ」

――シェーナウの映画、ご覧になりましたか？

「いえいえ、見てないよ」

――日本ではあちこちで上映されて、シェーナウはとても有名になりました。ウルリッヒさんはこの町で生まれたんですか？

「私は一九五二年にここで生まれ、父は学校の仕事をしていました。小さなときは森の中を駆け巡って遊んだ。自然に恵まれたところでは幼稚園なんかいらないんだよ。かくれんぼをしたり、小屋を造ったり、小川で魚を追いかけたり。でも私の小学校のクラスでは、いま三二人のうち八人しか町に残っていない。

高校がないので高校へ行く人は町を出ていって帰ってこなかった。ギムナジウムができたのは一九七二年以降のことだ。私も家が豊かではなかったから高校へは行けず、長いことシンガポールの客船に乗ってコックをしていた。船のコックのあとホテルの料理長、そのあと、いま町中の銀行があるところでレストラン

反対派だった議員のウルリッヒさん。彼の妻がやっているペンションの前にて。

を経営していました」

――この町は暮らしやすいですか？

「帰って来たら、ここは自然に囲まれ、質のいい生活を楽しめるところだ、生きがいのある場所だとわかった。子どものときより、帰った頃より、今はもっといい。会社と雇用があるし、観光もある、学校もある。そして『ふるさとはふるさとだ』と思って考えも変えた。いま妻がこの家で小さなペンションもしている」

――いつ議員になったんですか？

「一九八六年に私のレストランにたまたまＣＤＵの人が来て、入党する気はないか、と聞きました。私はその頃はＳＰＤ（社会民主党）に投票していたんだ。党員ではなかったが。右寄りではなく中道か中道左派の考え方を持っていたんだ。しかしいろんな問題が町で起こっていたし、どうにかしなくてはと思って入党して、議員選挙にも出ることになったんです」

――議会はどのように開かれるのですか？

「小さな町だからラートハウス（市役所）で働く公務員は全部で一九人かな。議会は議員が一二人、市長が一人。三週ごとの月曜日の夜の一九時から議会をやっている。私が市議会議員になったのは一九八九年、チェルノブイリの後からだ。議員はだいたい別の仕事を持っていて、一回議会に出るごとに二六ユーロ出るけど給料はない。慰労金というか、出席してご苦労様、という程度だな。議員だけで食っている人はいない。私はCDUのこの地域の代表もしている」

――スラーデェク夫妻たちの運動をどう思っていましたか？

「チェルノブイリの後、親の会がしきりに節電だの、エコ電力に変えろだの、活動していてね。当時、私はKWR（ラインフェルデン電力会社）はよくやっていると思っていた。確かにもとは町が水力発電を自主的に運営していた。それをKWRが吸収したわけだけれど、新しい機械も取り入れ、電線も地下埋設して、質の良い電力を安定的に供給していた。スラーデェクたちは、KWRが原発にも出資しているというので反対したのだが、私には市民が電力網を買い取って運営するなんてできっこない、とそのときは思っていた」

――それで電力会社KWRとの前倒しの二〇年の再契約に議会が賛成したわけですね。

「賛成したのはわれわれCDU（キリスト教民主同盟）が六人、反対派はミハエル・スラーデエクを含めて無所属が四人、SPD（社会民主同盟）が二人だった。つまり六対六で市長が鍵を握っていた。市長は賛成派だったが、それで七人になり、多数派だった。それで七対六でKWRと再契約することにしたら、スラーデエクたち市民がその見直しを提案し、住民投票でひっくり返された。市民たちはKWRが払うといった前倒し金をさっそく集めてしまい、さかんにメディアがそれを報道した」

――その頃は町が二分されたわけですね。

「それまでは違う意見を持っていても、議会が終われば議員同士飲みに行ったが、住民投票の後はCDUとSPDは飲みに行く店も違ってしまった。われわれは私の店『クローネ』で、SPDは『四匹のライオン』でというように町が分断されてしまった」

――そして市民側が勝って、KWRとの契約を見直し、市民が電力網を買い取ることまで始めたときはどんな風に感じましたか？

「笑いとばしていたね。そんなことできるわけはないって。医者と教師の夫婦に何ができる、やらせとこうじゃないか。どうせ失敗するって。でも彼らは本気だった。またそれを市民が支持し、新聞やテレビがたくさん報道したんだ」

――それで二回の住民投票でも、スラーデェクさんたちの会社と市が契約するのを見直さないことになりました。

「EWSの側にも感情的なだけだったり、やたら急進的な人もいたと思う。しかし夫妻はそういう声もうまくまとめて、勝利した。それには従わざるをえない。民主主義のルールだから、たとえ一票差だからって議員は市民の決めたことに従わなくてはならない。

今は落ち着いているし、実を言うと私も電力はEWSから買っている」

――今になって考えるとどうでしょうか？

「彼らのほうが正しかったな。EWSという地域電力会社はこの町でいい役割を果たしている。法人税もちゃんと払っているし、雇用も生み出している。スラーデェク夫妻の息子たちが会社で働いているのもすごいと思う。親が正しかったということだ。いまのEWSの場所は歯ブラシの成形の会社だったが倒産したので、そこをじょうずに直して使っている。元KWRの会社の従業員も雇ってくれているし。

町とも協力してエネルギーパークを計画している。いまも彼らを悪く思っている人はごくごくわずかだろう。私としてはまた一緒に飲めるのがうれしいね」

――ＣＤＵも原発政策を変えましたしね。メルケル首相はもう二〇二二年までに原発を廃止すると言明しておられますね。

「八〇年代後半、ＣＤＵのなかにも脱原発をしようというグループができていて、一緒にやろうと誘われた。低放射性廃棄物保存場のなかにドラム缶がゴロゴロしている映像を見て、こりゃ原発はだめだと思ったたな。核廃棄物の処理ができていないということを一番問題視している。

日本のような技術のある国でも福島の

緑があふれるシェーナウの静かな村の様子。

事故が起きたというのは、ますます原発は止めたほうがいいと考えざるを得ない。原発は大変なリスクがあって、近くで事故が起きればすぐふるさとを捨てなければならない。原発があした止まればうれしいけど、廃炉も含めて後四〇年くらいは後始末にかかるんじゃないかな。それは日本の福島の人がいま一番身をもって知っているだろう。でもドイツで電力が足りなくなれば、またどこかから買ってこなくてはならないのも確かだ」

反対派政党の議員シャラゲターさんまでも、そう考えている。

シェーナウの市民たちは実物教育に成功した。確かに小さな町だからこそできることがある。この経験はドイツ中に広まり、世界からも賞賛され、多くの賞も受賞した。ウルズラさんはオバマ大統領に出会ったとき、「原子力をやめる百の十分な理由」というパンフレットを手渡したという。まずは日本は電力を誰から買うか、それを自由にしなければ。いま私には東京電力から買うことしかできない。他の再生可能エネルギーを売ってくれる業者を選ぶことはいつ来るのだろう（その日は割と早く来て、二〇一六年四月から電力の自由化が始まった）。

私はシェーナウに別れを告げ、また熊崎さんとフライブルクまで戻り、トランクを持ってフランクフルト行き都市間特急に乗り、駅前のホテルに投宿した。

3 フランクフルトで考える

娘への手紙

「つまりとうとう、一六日には念願のシェーナウに行ったのです。

そしてドキュメンタリー映画の主人公、市民運動を組織して、原発由来の電気を拒否し、地域電力会社を作り、送電線を独占会社から買い取ったウルズラ・スラーデクさんの話を聞きました。市民電力会社ＥＷＳの社内を案内してもらい、市民派のたまり場『四匹のライオン』に宿をとり、夕方に夫のミハエルさんの姿も見えました。次の日、教会の牧師さんと反対派の議員さんの話を聞いて、フライブルクにもどり、通訳をしてくれた熊崎美香さんとお昼にスパゲッティを食べて別れ、ＩＣＥ（都市間特急）でフランクフルトへ着きました。

シェーナウは思ったより小さな町でした。でも、そこの人があんな斬新な事業を起こし、継続する力を持っていることに心打たれました。

ゆっくり寝て、今日はフランクフルトの動物園に行ってみた。これが本当に円山動物園はそのまねをしたのに違いないというほど、自然の中の広い動物園。

フランクフルトはさすが、欧州銀行の本部があるだけに経済都市で超高層ビルも林立、でも中心部は教会や古い町並みが残っています。川沿いもきれいです。ミュージアムの二日券を買ったのでユダヤ人街博物館、建築博物館、家具史博物館、美術館、映画博物館、

フランクフルト中心部では、開発のため偶然発掘された庭を遺すように、高層ビル建築の反対運動が起こっていた。

ゲーテ博物館と七つも見てくたびれました。ゲーテはフランクフルトの名家の生まれ、その生家に行ってきた。第二次大戦で跡形もなくなったのに全部建て直したそうです。ゲーテはなんでもできる人なんだねえ。

フランクフルトのユダヤ人街の長い歴史、そしてゲーテとユダヤ人の関係、メンデルスゾーンはユダヤ人とか、一万五〇〇〇人のフランクフルトのユダヤ人が収容所で死んだとか、いろいろ学びました。ナチスのユダヤ人虐殺の贖罪もあってか、作られた網羅的な博物館の展示は圧巻でした。フランクフルトは工事中の大都会で、なぜ遺跡を壊して高層ビルにするのか、と市民団体が抗議の展示をしていました。どこでも市民の力は強い。

夜はカイザー通りのすごくはやっている中華屋で、例のごとく空心菜の炒め物とワンタンスープでビールを飲んだ。大好きなバイツェンビールにもこれでお別れ。

三週間近くドイツを眺めて気づいた小さなこと。

＊ドイツの人の喫煙率は日本より高いようだ。

＊ドイツ人は親切で、道を聞くと教えてくれるし、連れて行ってもくれる。

＊駅で、長い行列ができていても、じっと文句も言わないで待っている。

＊トイレでドイツ人は手を洗うとたくさんの紙をとって手をふく。洗剤でよく手も洗うが。

＊ドイツの町のサインは必要にして簡潔で、とてもわかりやすい。
＊駅でもどこでも地下からはたいていエスカレーターやエレベーターがある。そういうところへは電気をケチらない。私もやたらピカピカまぶしいより、エスカレーターがほしい。使う電力は照明より多いだろうけど。
＊トラムはほんとに市民の足になっています。じいさんばあさん、車椅子、子ども、犬、ベビーカー、自転車何でも乗ってくる。三台連結でゆるゆるうごいてノンステップ。五、六分待てば来るので、歩くより待った方が早い。そのほか、バス、Sバーン、Uバーン、なんでも一枚のパスで乗れるし、便利。
＊駅では、コンピューターで乗り換え案内の紙を出してくれるので便利。
＊自動販売機で切符を買うときは、お金を入れて目的地の駅の番号四桁を入れれば出てくる。実にわかりやすい。
＊美術展に孫を大きな乳母車に乗せ、絵を見に来ている美人おばあちゃんがいた。人が少ないのでゆっくりゆっくり見ていて、孫はその間ずっと寝ていた。
＊カイザー通りは中華にイスラム系、メキシコ、スペイン、台湾、韓国料理があって、この国の移民背景を考えさせられた。

サハラに巨大太陽光ソーラーを作って、そこからドイツに電気を運ぶという計画があったそうです。それは電気を運ぶのにロスが多いので取りやめになったらしいけれど、ＥＵの中の勝ち組であるドイツにも、原発推進者や巨大技術信奉者はいます。でも自分の頭で考える市民がたくさんいること、環境政党が力を持っていること、反対だけでなく、自分たちの暮らしを変える方法を自ら編み出し、実践することがこの国の人のすごいところだし、学べるところです。ドイツの家の玄関には『原発、いらないよ。悪いけど』というお日様のマークが貼ってあります。日本でもこんな楽しいステッカーをデザインしたいものです」

至るところに貼ってある「原発、いらないよ。悪いけど」というお日様のマーク。

環境や原発についての基礎用語

パッシブハウス

passive house

電力やその他のエネルギーをつかってアクティブに暖房や冷房をするのでなく、建物を断熱したり、窓を二重三重にしたり、適度な空気の流れを作ることで熱の逃げない家を作る。パッシブ（受け身）に適温で過ごしやすい家を作る。

換気をするためにいちいち窓を開け、また閉めてエネルギーをつかって部屋を暖めなおしたり冷やしなおしたりする必要がない、窓を開けなくてもいつも外気が少しずつ部屋に流れ込む仕組み、それをパッシブ換気と呼ぶ。言ってみれば燃費のいい家。

バイオマス

biomass

バイオ（生物資源）のマス（量）を示す概念。生物量、生物体量などと訳す。「生物からできた有機性資源で、石油石炭などの化石燃料を除いたもの、再生可能なもの」、これを用いた燃料がバイオ燃料、たとえば、薪やそれを焼いて作った炭、柴、枯葉などを古来、人間は燃料としても使ってきたが、これらは植物として生えていた時に二酸化炭素CO_2を空中から摂取して光合成し、炭素と酸素に変えているので、もしその炭素を燃料として使って大気中にCO_2を出しても、CO_2の量としてはプラスマイナスゼロである。これをカーボンニュートラルという。

バイオマス燃料は使用後の灰としても再利用もできるし、廃棄物としても処理費が低い。大手の電力会社でも、石炭と間伐材バイオマスの混焼が進められている。バイオマスには家畜の糞尿や生ゴミ、下水の汚泥なども含まれ、これらの燃料や肥料としての再利用も進められている。

バイオガス

biogas

バイオマスである下水汚泥、食品残滓（生ゴミ）、家畜の糞尿、おからなどは含水率が高く、乾かす手間と費用もかかり、燃やしてもエネルギー効率が悪い。含水率によってはそのまま遮蔽容器の中でメタンガスを発生させると、エネルギー変換率は高い。しかし、微生物による発酵には適度な温度に保つ必要がある。嫌気性発酵により、これらを用いたガス製造をバイオガスという。

バイオガスには砂糖キビやトウモロコシなども使えるが、これについては、食べられるものをエネルギーに変えて良いのか、という批判がある。人間が食べなくても飼料用トウモロコシを燃料に使えば、飼料不足で、肉類の価格が高騰する可能性がある。またエネルギー用の植物に使う水資源のため、途上国での水不足や食糧不足が加速されるとの懸念もある。

薪ストーブ、ペレットストーブ

stove

特に林業の過程では必ず間伐材、被害材、廃材、チップ（木屑）などが出、これを廃棄物として処理するよりは、これを用いてバイオマス発電をして廃材処理の費用をなくし、電気を売って成功している会社もある。

薪ストーブも別荘から都市住宅に広がり人気も高まりつつあるが、インターネット通販などで安く買ったものの設備工事の軽視、アフターケアや薪の購入や手入れなどが煩雑で、使われなくなる例もある。

燃やしたり掃除したりの手間もかからず、煙もほとんど出ず室内の空気も汚さない、熱効率の良いペレットストーブもエコ暖房として注目されている。これは間伐材を粉砕して固めた固形燃料を買わなくてはいけないが、石油と同等の費用で済む。しかし火力が強く、その調節が難しいため、寒冷地には向くが都市部には向かない、送風などの作動音が気になるとも言われる。

ビオトープ

biotope

生物空間と訳す。生物がそこに生息できる環境のことで、生態学の用語。日本では主に水田や水辺環境が農薬や除草剤、圃場整備やコンクリ護岸などで悪化していくなかで、生物のために環境を乱さない、蛍やトンボやメダカや鮎の生育環境をまもろうというビオトープ運動が盛んになってきた。

学校教育においても、校庭の隅に水田や池を作って生物を集め育てる体験教育の場としてビオトープが設けられている。しかしその土地にない種や動物を持ち込むことは生態系の撹乱につながるなど、場に適さないビオトープについては批判もある。

再生可能エネルギー

renewable energy

太陽や風、波、地熱のように、自然の力で反復し、常に補充されるエネルギー資源を利用して、発電、給湯、冷暖房、輸送、などのエネルギーとして使うことをいう。反対語は石炭、石油、天然ガス、オイルサンド、シェールガスのように、地下資源を掘って利用するもので、この資源は有限であることから枯渇性エネルギーといわれる。再生可能エネルギーを非枯渇性エネルギーと呼ぶことも行われている。

しかも地下資源は偏在し、地球の住民はその資源を持つ国（の資本）へ資源代と輸送代を払わなければいけない。再生可能エネルギーは地元の資源を活用できる。「太陽は請求書を送らない」というヘルマン・シェアの言葉はこのことをよく言い当てている。

オイルサンド、オイルシェール

oil sand, oil shale

オイルサンド（油砂）は油分を含む砂岩のことで、これを採掘し、石油を抽出して精製する。同じく油分を含む頁岩をオイルシェールと呼び、これを加熱すると油の蒸気や可燃性ガスが発生し、回収して利用できる。この二つから得られる原油については約四兆バレルが採掘可能であると推定される。しかしその精製の過程で多くの有害物質やCO_2が出ること、資源が偏在していることなどが問題視されている。そのため地球温暖化を防ぐためCO_2の排出を規制しようと各国の努力目標を定めた京都議定書からオイルサンド資源国のカナダは二〇一二年脱退した。オイルシェールの資源国アメリカは調印はしたが、批准していない。他にも採掘の際に有害物質が出ること、油をとった後の廃棄物処理などにも問題があるとされている。オイルシェール採掘時に微小地震が誘発される場合があることも報告されている。

コジェネレーション（コジェネ）

cogeneration

英語ではコンバインド・ヒート・アンド・パワー（Combined heat and power）ともいわれる。日本語で言うと熱電併給と訳す。電気を作る内燃機関、外燃機関から熱も取り出して温水や蒸気、動力に変え、給湯や冷房暖房に使う。一石二鳥、三鳥を目指す。

身近な例では、車を走らせるエンジンで発する熱を車内冷暖房に用いることはよく知られている。ドイツではこれを各戸の地下などに備え付け、余った電気を売るなどもしている。

ドイツの再生可能エネルギー法(EEG)

Erneuerbare-Energien-Gesetz

原発後を見据えて、ドイツでは一九九〇年代から再生可能エネルギーを電力供給でどう増やすかを模索し、二〇〇〇年、EEG法を策定した。環境保護、気候変動に対処するため、電力会社は太陽光、風力などの再生エネルギーを二〇年間、固定価格で優先的に買い取らなければならない、その分を電力料金に上乗せして良い(付加金)とする法律。その後、電力料金の高騰、送電網の未整備などの問題の中で、ソーラー発電については発電コストがかなり下がったので買い取り価格も下げるなどの細かい修正を二〇一四年に行っている。

森の幼稚園

Waldkindergarten

ドイツでは「森の幼稚園」ヴァルトキンダーガルテンといって、雨の日も雪の日も戸外で子どもを保育する幼稚園がある。デンマークで生まれ、ドイツではフライブルクで始まった。その一つを見に行く。

八時に登園する。三〇人に四人の保母。一応柵の中に親たちが協力して作った建物はあり、一時間ほどはお絵かきなどをやっている。集合場所に九時に集まる。あとは雨の日も雪の日も森の中で遊ぶ。冬は雪や氷で遊ぶ。春は自然の芽生えを覚え、聴診器などを使って木の中を水が上がっていく音を聞いたり、虫などの動物が動き出す様子を見る。

保母さんの話。「遊びたい子は遊ぶし他の子どもが邪魔することはない。それぞれの興味で遊ぶ。正しい遊び方とか間違った遊び方というものはありません」。

家にいると寒いこと、濡れること、暑いことなどを体験できない。日本でも「森の幼稚園」を作ろうという運動は広がっている。

クラインガルテン

Kleingarten

「小さな庭」という意味。元は鉄道労働者が線路沿いの空き地などに菜園を作り始めたのが始まり。線路を道で挟まれた三角地帯とか使いようがない空き地を畑にした。今は市役所が空いている市有地などを市民に貸している。

見に行ったのは、フライブルク郊外。大きな区画は五メートル×二〇メートルで一〇〇平方メートルくらい。借りたい人が多く順番待ち、老人と子どものいる家庭が優先という。当たると前の人からリンゴの木は一〇〇ユーロとか、バラの花は五ユーロとか、市が計算して次の人が買い取る。これはいいシステムだ。日本でもクラインガルテンは増えているが、返す時にはせっかく育った木や花を引っこ抜いて、原状復帰せよという。小屋は二四平方メートルまで許される。農作業の道具を置き、働いた後の昼寝、ジャムやピクルスの製造、子どもたちの秘密基地としても使われていた。

カーシェアリング

Carsharing

フライブルクのような環境に敏感な都市では、街の中心部にできるだけ車を入れず、渋滞を起こさないようにたくさんの施策がある。できるだけ公共交通を整備し、郊外の駅に車や自転車を置き、そこから公共交通で街中に乗り入れるパーク・アンド・ライド。

バス、トラム、地下鉄、郊外電車などをスムーズに乗り継げる一年カードの発行。そして、車をみんなで効率的に使い回すカーシェアリング。行政もしくは経営するNPOに登録さえしておけば、インターネットなどでレンタカーよりも短時間の利用でも手軽に借りられる。日本ではこれが商業的な形でパーキング会社やレンタカー業者が参入している。車を持つと、車代、車庫代、車検代、などの費用がかかり、その割に車を動かす機会は少ないので、利用者は増えてきている。同じように、東京都心では区が共同して、自転車の共同利用にも乗り出している。

デポジット（保証金）

deposit

水やジュース、ビールなど飲料を買う場合、容器代を先に払い、リサイクルすると容器代を返してくれる仕組み。リサイクルを促進する。ドイツではデポジット用の機械でリサイクルでき、お金が返ってくる。日本でも一時導入されたが、機械でないので、人件費の面からいつの間にか廃れた。

温泉施設のロッカーで一〇〇円入れ、退場時その百円が返ってくるのも一種のデポジットだが、これには人件費がかからない。美術館などでのイヤホンガイドなどでもデポジットを払うことがある。これらは鍵やイヤホンガイドをなくした場合の保証金なのでリサイクルを推進するためのものではない。

海外では宿泊の際にも先にデポジットするところが多いが、これも夜逃げなどを防止するためである。日本でもビジネスホテルでは前払いのところが多くなってきている。これらはリサイクルとは関係ない。

原発の始まり

nuclear power plant

一九五三年にアイゼンハワー米大統領が、国連で原子力の平和利用を演説、冷戦時代の核開発競争のメダルの裏として、原発が作られた。一九五四年にソ連のオブニンスク、一九五六年フランス、マルクールと、イギリス、コールダーホールで、民用としての原発の運転開始。アメリカでは一九五八年に、シッピングポートで営業運転開始。

日本では一九六六年に東海原発が発電開始。一九六〇年代は先進国で原子力発電が進められた。

アメリカの原発

United States of America

二〇一五年現在、九九基が運転中で、その合計出力は九八七九万キロワットで世界一位。全電力の約二割を供給。原発の稼働・新増設のピークは一九七四年であったが、一九七九年のペンシルバニア州スリーマイル島原発の事故後、各地で反原発の運動や、原発に関する住民投票が行われるとともに、大統領事故調査特別委（ケメニー委員会）の報告にそって、アメリカ原子力規制委員会（NRC）が改組された。

建設されても稼働できず、廃炉になる原発なども出て、アメリカにおける原発の縮小が進んだ。福島原発事故後は、二年で五基が廃炉とされる一方、三〇年ぶりとなる原発建設が行われてもいる。

日本の原発

Japan

福島原発事故当時、稼働中であった五四基のうち、福島第一原発一～六号機、事故後の原発の運転原則四〇年という法改正を受け、美浜原発一・二号機、玄海原発一号機、敦賀原発一号機、島根原発一号機、さらには伊方原発一号機の廃炉が決定され、日本の原発は四三基となっている。

二〇一三年九月、大飯原発三・四号機の定期検査により、日本の原発は全機停止したが、二〇一五年九月に鹿児島県川内原発が再稼働している。大飯原発三・四号機と高浜三号機も、原子力規制委員会によって「規制基準」に適合しているとの判断が示されたが、福井地方裁判所や大津地方裁判所の判決や仮処分決定で、稼働できていない。二〇一六年七月には愛媛県伊方原発が再稼働される予定だったが延期。

廃炉が決定された福島第一原発の廃炉が終了するのは二〇五一年予定とされているが、事故の収束が順調に進まず、廃炉作業が遅れる見通し。

ヨーロッパの原発

Europe

フランス 一九五六年、発電とプルトニウム生産炉マルクール一号が運転開始。五八基の原発が稼働し、二〇一二年現在、全電力の七五パーセントを原発でまかなっているが、二〇二五年までに二四基を停止し、五〇％に低減すると決定。

スイス 福島原発事故を受け、二〇三四年までに全原発を停止すると発表。

スウェーデン 一九八〇年、スリーマイル事故を受け、国民投票実施。二〇一〇年までに原発段階的廃止方針を出した。二〇〇六年の七月二五日にフォルスマルク原発一号機が外部電源喪失によりあわや過酷事故が起きそうだったが、回避された。二〇一〇年に原発廃止の決定を撤回した矢先、福島原発事故が起こり、再び段階的廃止意向表明。

フィンランド 二〇〇五年に欧州では十数年ぶりの新規原発着工。しかし、厳しい規制基準のもとで、建設難航。二〇一四年現在も未完成。建設を請け負った仏アレヴァ社が経営危機に陥っている。

ベルギー 七基の原発が稼働していたが、二〇一一年、二〇二五年までにすべての原発を停止すると決定。

イギリス 現在一六基で、全電力の一六％を供給。一九九五年に運転開始した原発以外の全炉を、二〇二三年までに閉鎖予定。

イタリア 二〇一一年、国民投票で九四パーセントの賛成で原発停止を決め、現在全四基を廃炉中。

チェコ ドコバニとテメリンの二ヶ所で六基操業中。全電力の三分の一を供給。

オーストリア ツヴェンテンドルフ原発が一九七八年に完成するも国民投票で五〇・四七パーセントが反対し稼働せず。隣国チェコの原発に危惧を持ち、二〇〇二年にテメリン原発を停止しないならEU加盟に拒否権を使うと威嚇。ドイツもテメリンの安全基準について危惧しているが世界原子力協会は安全基準に問題はないとする。

チェルノブイリの事故と避難区域

Chernobyl disaster

一九八六年四月二六日、ソビエト連邦キエフ州プリピャチのチェルノブイリ四号機を操業停止中、非常用発電系統の実験中に制御不能となった。炉心溶融、爆発、広島原爆の四〇〇倍の放射性物質が放出された。

翌日、スウェーデンのフォルスマルク原発が核種を検出、公表に至る。五日間住民は知らされず。その後もソ連による情報隠蔽、原発の構造的欠陥を認めず、作業員のミスであることにした。

火災の鎮火、放射線遮断のためにホウ素を混入された砂を投下、水蒸気爆発を防ぐため下部水槽の排水。減速材として炉心内に鉛の大量投下。液体窒素の注入で周囲から冷却。ヘリコプター乗員には特別な防護措置は施されず、コンクリートの石棺にするために延べ八〇万人動員、このうち、五万人が死亡と伝えられる。公式発表の死者は運転員と消防士で三三名のみ。

三〇キロ圏内は居住禁止で一万六〇〇〇人が移住。数百名から数十万人が放射線障害で死亡。北西一〇〇キロ圏内のホットスポットで四〇万人が移住、三五〇キロの範囲にはホットスポットが一〇〇ヶ所あり、加えて数十万人が移転したとされる。住民にも大きな健康被害、死者が出ているがその実数はわかっていない。

ドイツの原発

Germany

一九六七年にグンドレミンゲン原発が初めて商用運転開始。福島原発事故を受けて、メルケル首相は、当時ドイツにあった一七基の原発のうち、まず一九八〇年以前に運転を開始した七基を暫定的に停止するとともに、すべての原発の安全点検を命じた。一方で、哲学、社会学、教会関係者からなる「倫理委員会」を設置し、文明論的な立場からの長期的エネルギー政策に関する提言を求めた。二ヶ月の討議を経て、倫理委員会は原発を廃止し、よりリスクの少ないエネルギー源で代替する提言をまとめた。この提言を受け、メルケル首相は、火災で停止していた一基と合わせ、八基を廃炉とし、二〇二二年までに一七基すべてを閉鎖すると言明。二〇一六年現在七基が運転中。一度も運転することなく閉鎖されたカルカー高速増殖炉の跡地は、ワンダーランド・カルカーという遊園地になり、原子炉建屋はホテルに、原子炉内も見学可能。

ゴアレーベンの最終処分場

Nuclear waste final dispozal site

一九七四年から原発の使用済み燃料の最終処分場を一ヶ所にまとめることになり、七七年、ベルリンから一五〇キロのニーダーザクセン州ゴアレーベンの岩塩坑の跡地が候補に上がり、試験ボーリングもされた。農民をはじめとする住民は岩塩坑の跡地の危険性を訴え、すぐさま一万人の反対デモを組織、一九七九年にはトラクターでハノーバーまで行進した。その後も多くの警官を導入して州政府は強圧的に計画を推し進めようとしたが、住民たちは他の地域や国際的な連帯も進め核廃棄物の搬入を阻止し続けた。二〇一三年、政府は計画を白紙撤回、環境団体、宗教団体の代表などとともに新たな処分場の選定に入った。しかしどこも地元の反対が予想され難航している。

付け加えれば、使用済み燃料は解体して、燃料棒を何重もの構造を持つキャスクに入れて貯蔵することになる。

使用済み核燃料の再処理工場

nuclear fuel reprocessing plant

原子炉から出た使用済み核燃料から、未使用のウランや化合して生成されたプルトニウムを取り出す作業を言う。プルトニウムは核燃料に加工するが、核兵器にも転用可能なので、これを所有することは核拡散防止条約で禁止されている。そのためウランと混ぜた液体から酸化物MOX燃料の形で保管される。有名な再処理工場はフランス・ノルマンディー地方のラ・アーグ、イギリスのセラフィールドなどである。

日本でも茨城県東海村や青森県の六ヶ所村に計画され、試験運転などが行われているが、事故や工事の延期などトラブルが続き、住民は反対し続けている。

その後の四年

二〇一二年にドイツに旅をし、帰って『通販生活』に記事が掲載され、その主催で『シエーナウの想い』を上映したり、お話をしたりして、どんどん時間がすぎた。いよいよ、本にまとめようというときに、二〇一三年秋から「神宮外苑と新国立競技場を未来へ手わたす会」の活動が始まり、仕事どころではなくなった。私は運動の組織者として、毎日一〇〇通ほどのメールをさばくことになった。

二〇二〇年オリンピックのために、歴史ある一九五八年築の国立競技場を建て直す。都の公園や都営住宅を潰して、年間四〇日くらいしか使われない巨大な競技場を作る。ザハ・ハディド氏デザインの競技場は景観や環境上も問題であるが、とにかくエネルギーコストからしても不必要にして無謀であった。

今までの競技場は維持費年間五億円ほど。空に向かって開いたシンプルな作りだが、新しい計画では、電気仕掛けの開閉式屋根、電気仕掛けの可動式席、冷暖房を使い維持費は年間四〇億とも見積もられた。都心の緑を切り、熱を排気する巨大な温室をそこに置くことになる。

今まで三〇年、「いらないものは作らせない、大事なものは残して使う」というシンプルな原則で動いてきた私にとっては、これは見過ごしにできない計画だった。運動をすることによって、いろんな知見と知己を得られ、有意義であったと思う。私たちは九万人の署名を議会に届け、一三〇〇億から二七五〇億へもふくれあがった建設コストが、世論の批判を浴び、この巨大温室的競技場は二〇一五年七月に首相によって白紙撤回された。その運動においては、ドイツで再処理工場に反対したイルムガルド・ギートルさん、シェーナウのウルズラ・スラーデェクさんに学んだことも活かせたと思う。

日本は為政者は自分の計画をご説明する、理解していただくだけで、住民の異議を「聞かない民主主義」であるが、専門家と協働した市民運動の力で白紙撤回に持ち込めたのは、画期的なことである。しかしその後もまだ新たな巨大競技場建設計画のコンペが行われ、隈健吾氏と梓設計・大成建設によるA案選出の経緯も明らかではない。またその木造屋根の競技場には、聖火台を置く場所もないことがわかった。オリンピック全体の費用も、当初の四五〇〇億円から二〜三兆円くらいまで跳ね上がるという試算が出ている。

オリンピックはアマチュアリズムを忘れ、商業化し、ＦＩＦＡやＩＯＣなど国際競技団体は腐敗し、すでに終わったイベントに成り果てている（これを書いたのち、東京五輪招致をめぐり二億二千万が支払われたとの賄賂疑惑が浮上、フランスの司法当局が調査中との報道がされた）。東北の復興や原発事故でふるさとに住めなくなった人々に、新しいふるさとや仕事を作ることの方が先決だと思う。オリンピックを返上することこそが、原発事故で放射性物質を垂れ流し、世界に迷惑をかけた日本の取るべき道ではなかろうか。

というわけで、この本を形にするのにずいぶん時間がかかってしまったが、その分、私は考える時間を持てた。原発反対の本がたくさん出た頃に出さなくてよかったと思う。

若い人々の間には、ミニマリストという言葉がはやっているらしい。今の二〇代、三〇代はものを買わない。非正規雇用も多く、世代の中でも格差が広がり、物が買えないということもある。でもその中で、少しのもので豊かに暮らすという若い人々が出てきたことに、希望を感じるし、彼らとつながりたいと思う。そして一番の環境破壊は戦争に間違いなく、兵器産業の目論む戦争への道を止めることが、やはり私達の世代の責任だろう。この前の戦争には責任はないけれど、この次の戦争には責任があるのだから。

長いあとがき

私が脱原発を決めたドイツに取材に行きたいと思ったのは、やはり福島第一原発事故が大きい。

とにかく、数学と物理には苦手意識がある。チェルノブイリの事故後、原発に不信や疑問を感じながら、原発そのものの構造や危険性を考えてこなかった。そういう私も福島原発事故の後、何度も学習会に参加し、ガイガーカウンターを買い、街のあちこちで線量を測ってみた。

ＩＣＲＰ（国際放射線防護委員会）が市民の年間積算放射線量の許容限度としているのは、1ミリシーベルト、東京の放射線量は、事故後大体０・０６マイクロシーベルトで、これに二四時間と三六五日をかけると年間積算量は５２５・６マイクロシーベルト、つまり０・５２５ミリシーベルトで、許容量のほぼ半分ということになる。

まあ、毎日二四時間外気にさらされているわけではないので、実際にはもっと少ないが、それとは別に食料から摂取される放射性物質についても考えなければならない。たとえばセシウムの量はベクレルという単位で計算する。

キノコやタケノコ、山菜などは、セシウムが出やすいものだとされているので、なるべく避ける、産地を選ぶ、よく洗って皮をむく、デトックスに心がけるなど、自分なりにやれることをやるしかなかったが、事故がいったん起きたら、こんな面倒くさいことを強いられるだけで、もう「原発はいやだ」という気分になってきた。

「原発に反対」というと、「感情的だ」「非科学的だ」と言われるのだが、日々、別の仕事に励んで生活している私が原発推進論の学者と同じ知見を持ちうるわけはない。しかし彼らの言うことを、ただ信じるわけにもいかない。

一〇年ほど前、志賀原発に反対して戦った川辺茂さんという漁民に話を聞きに行った。彼は「子孫のためにこの海を売りません。原発を安全というのは宗教で、科学ではありません」と言った。そして「天を恐れよ」と書いた旗を団結小屋に立てて抵抗したが、彼が組合長を務めた西海漁協は原発に屈し、自分の自治体に原発はできなかったが、隣町に志賀原発ができてしまった。こうなると海はひと続きなので、負けたと言ってよい。

三・一一と原発事故のあと思い出したのは、この川辺さんの「原発が安全というのは宗教です」という言葉だった。彼の言った通りではないか。五重の鉄の容器と安全装置に守られたという安全は、「神話」であったことは確かだ。

私は原発反対運動にずっと参加してきたわけではない。長いこと建物の保存運動をしてきたが、それはいわゆるイデオロギーによる運動ではなかった。私たちは与党や政権の中にいる人にも説明し、敵と思われる人の中に味方を作る作戦をとってきた。運動をやたらに過激に煽り立てる人々を牽制し、自分は何もしないのに、あれもやれ、これもすべきというような人にも運動をかき回されないように注意した。これは新国立競技場をめぐる運動でも貫いたことである。

その三〇年の経験から、原発についても、推進派、反対派という二分法、同じ考えの人だけが集まって気炎をあげるというスタイル、根拠なく不安を煽る人々にも、違和感を感じた。自分や家族の体を自分で守るのは当然だし、何を買って食べるのも自由だが、苦しんでいる福島の人たちのことに思いを致さない、という態度はありえないと思う。

このところ、福島県農民連事務局長の根本敬氏が、国際シンポで講演して、「風評被害でなく実害だ。日本国民には福島の農産物を食べてくれとは言わない。その代わり、あらゆる損害を東電に補償させる運動を応援してほしい」と言った。

この当事者の苦渋の発言に対し「福島より熊本の農産物を選ぶのは当然」と言った書き込みがネットにはあった。こんな真意を受け取らない、鬼の首を取ったような言い方も無神経だと思う。

瓦礫の処理についても拒んだ自治体や反対の市民運動はあった。この問題も未だに私の中では決着がついていない。全国を満遍なく汚染させていいのか、どこかを思い切って諦めて、そこに汚染された物質を集めるほかないのか。これは分断を生むアポリアである。

一番心配なのは、放射能汚染度の高い地域に住んでいる赤ちゃん、子ども、妊婦さんなどで、心の中では、できたら移動してほしい、と思う。しかしそれを公的に発言すると、必ずバッシングにあう。誰も自分のふるさとを危険なところだと認めたくないからだ。「ここに留まってがんになるリスクと、家族が離れて住むことによる精神的リスクを秤にかけると、後者の方が大きい」と言われると言葉がない。それでも、家族の中での温度差があって、たくさんの母子避難が生まれ、家族の崩壊の実例も見ている。

さらに避難や移住する人に対して非難が浴びせられた。憲法により、住む場所を選ぶ自由は認められている。それなのに、避難できたのは経済的な余裕があったからだ、自由業だったからだ、お前は故郷を捨てた、もう帰ってくるな、そのようなことさえ言う人がいた。津波の被害を巡っても、いたるところで分断と中傷が起きたが、原発事故によって、こんなにも人々が引き裂かれた。それを思うと、やはり、原発はないほうがいい。

私は、福島や宮城を忘れない、と東京から細々と支援を続けながら、時に現地を定点観測してきた。津波被害という面では石巻の北上地区を、放射線被害ということでは私が畑をつくっていた宮城県丸森町を訪ね、人々の心の揺らぎを聞いてきた。

　震災以降一年間のことを『震災日録』（岩波新書）に書いたが、ここには今考えてみれば間違っていることも書いてある。でもその時そう思った自分を否定することはできない。たとえば、震災直後は、「もう怖いから、海辺には住めない。高台に住居を移したい」という話をたくさんの人から聞いた。しかし人の気持ちは変わる。道路や防潮堤などが順調ともいえる速さで作られる中で、権利調整や暮らしが関わる高台移住はなかなか進まず、故郷から流出して仙台や盛岡、いわきなどの中核都市に移転していく人々も多い。そうかと思うと、「やっぱり仕事に不便だから、海辺に住みてえな」と心が変わった人たちもいる。

　この点で、復刻された『津波と村』（山口弥一郎著、石井正己・川島秀一編集、三弥井書店）は興味深かった。そこには明治二八年に続く昭和八年の津波で、みんな一旦は高台に引っ越したが、余所者がその後海辺に引っ越して来て、漁で稼ぐのを見るといてもたってもいられず、また一人二人と海辺に帰って行った姿が描かれている。この間、私が目にしたものは「人の心の変わりやすさ」であった。

　思い切り「原発事故後のエネルギーと暮らしをどうするのか」という本書のテーマからずれてしまったが、とかく分断と庶民が被る被害だけで心暗くなった私は二〇一二年の夏、ドイツに行って、いくつかの確信を得た。

1、徹底的に節電することが必要。

原発を止めてもらおうと思ったら、まず自分の暮らしの中で、電気をなるべく使わないようにすることが大事だ。私は、家のアンペア数を東京電力に連絡して二〇アンペア落としてもらった。これで毎年の電気代は二万円くらい違う。そしてベランダにゴーヤや朝顔を植え、夏はクーラーをなるべくつけずに風通しを良くし、うちわを使ってしのいだ。水風呂に毎日五回も入った。けっこう楽しめた。

いっぽう、のど元過ぎると暑さを忘れるのが日本の習いなのか、いったん消された地下鉄やＪＲの駅はまた、電気が増えて、まぶしくなった。またＬＥＤが長持ちしてエコであるというのはどうだろうか。目の病気を患っている私には、視神経を直撃し、つらい光線に思える。目にやさしいＬＥＤは開発されるのだろうか。

2、自治体の節電努力、ソーラーパネルへの援助は大切である。

世田谷区の保坂展人区長は区長室にあった一七本の電灯を一本に減らしたが、何にも困っていないそうだ。今までの公共建築の設計者には、この広さなら何本の蛍光灯が必要といった基準があるのか、私の住む文京区のシビックセンターで、原発反対の集会があったが、その部屋には数えてみたら七二本の蛍光灯が付いていた。これはまぶしすぎる。

部屋の一部の電気を消せるシステムや、調光システムも入れ、昼間の会合はできるだけ自然光でも会議の資料を読んだり、メモを取った方が目にもいい。東京都からは太陽光発電を家庭で利用したり、高性能建材を使ってリフォームすると助成金が出るようだ。

二〇〇四年まではドイツでなく日本がソーラー設置台数では世界一であったそうだ。三〇〇万円もした時代にソーラーをたくさん設置したことは日本人の環境意識の高さを物語るものだろう。一方、自治体や学校でソーラーを設置したものの、意識の高い職員や先生が配置転換になると、使われなくなったり、故障を理由に死蔵されている例も多いという。またソーラーの蓄熱技術はこれからの課題である。

3、問題は、エネルギーの地域自立である。

東京電力が福島や新潟で作った電気を東京まで運んで使うことは、途中の送線でのロスも大きい。エネルギーについてもなるべくなら地産地消が望ましい。この観点からもまた大企業任せのメガソーラー、メガ風力などを是とするのでなく、自治体がエネルギー公社を作り、ゴミや下水道だけでなく、エネルギーの生産や供給に乗り出すことが望まれる。または、地域にシェーナウのような再生可能エネルギー供給の小さな企業を作るのも望ましい。

ちょうど二〇一六年の四月からは一般市民も電力会社を選べるようになり、より自分の考えに近い会社を選べることになった。どの電力会社がエコ電力を配っているかの情報もネット上でアクセス可能である。

4、それは地域での循環経済を作り出す。

一番、ドイツで頷いたのが「石油を暖房に使えば、アラブの王様を富ませるだけ、天然ガスを使えばロシアのマフィアが喜ぶだけ。それだけ地域からお金が出て行く。暖房のいらない家に改修すれば、地域の工務店の仕事が増え、お金は地域の中で循環するようになる。土地の材をチップにした地域暖房システムを作れば、これも地域の中でお金が回る」というあまりにも当たり前のことであった。

地域雑誌をやっていた三〇年、私たちは雑誌を作るための経費はすべて地域で落としていた。地域の印刷所や、文房具屋を使い、取材のお土産にも地域のお煎餅やお菓子を持っていった。地域の八百屋、魚屋、米屋で買い物をしてきた。それが地域を豊かにする心構えである。

資源を外国に依存することは、ホルムズ海峡をタンカーが通れないなどの場合、日本に石油が入ってこなくなるという危険性を秘めている。同じことが食料の輸入についても言え、三六パーセントという低い食料の自給率は非常に怖い。政府は軍事的な安全保障のことばかり言っているが、まずは毎日食べるもの、食料の安全保障を考えてほしい。

5、原発反対はまちづくりと繋げなければならない。

また「原発反対を言う連中は、その地域がどんな思いで原発を受け入れたのか、理解がない。過疎であり、農業後継者もいず、雇用もなく、高齢化し、地方交付税に頼ってきた自治体のことを考えたことがあるのか」という論議も依然ある。しかし、原発を断り、自治体をどうにかこうにか、住みやすく楽しい所に変えている地域の例はいくらもある。

その場合、災害地支援と同じように、原発をやめてほしいと願っている多くの人が、地域住民の声を汲みとり、その地域のまちづくりに知恵を絞り、応援すればいいのではないか。「まだベストウェイは見えていない」というドイツで聞いた言葉、再生可能エネルギーの行く手にも、様々の困難はあるだろう。でも、宇宙船地球号をちょっとでも延命させようと思えば、必要なことである。いま日本でも、小水力発電や地域発電の試みが次々と生まれてきている。

二〇一二年、ドイツに行った後も、私は何度かヨーロッパに行った。

一度は石巻の中学生の夏休み体験プログラムのお供で、ハンガリーとフィンランドに行った。津波の中で家族を失い、仮設住宅に暮らしている子どもにとって、広い世界を見ることは人生の選択肢を大きく広げることになる。フィンランドではヘルシンキ大学のイルマーリ先生と、原発について話しあった。

「私の知人にも原発企業のエンジニアなどをしている人がいますが、彼らでももうやめたほうがいいと言っています。また使用済み核燃料の貯蔵施設は問題になっています。フィンランドではオンカロというところにあります。フィンランドは火山もなく、地盤が固いのはメリットですが、ヘルシンキからペテルスブルグまでは汽車で三時間。ロシアの国境近くにある老朽原発で事故が起きれば、フィンランドにも大きな影響があり、私たちは心配しています。ヨーロッパでは国境を越えて、脱原発を考えていかなければならないでしょう」

二〇一二年には福島の子ども達をイタリアのサルディニア島で一ヶ月保養してもらう企画があり、人と人をつないだ責任上、その場所が安全かどうか、現地に下見に行った。この時、出会ったオリーブオイルの調香師は元原発の技術者であった。

「二〇年、原発で働きましたが、ずっと疑問を持ち続けていた。

福島の事故の後、イタリアでは国民投票で、原発を止める方に九〇パーセント以上の賛同があり、止めることになったのは良かったです。私も、収入は下がりましたが、各地のオリーブ畑を訪ね、美味しいオリーブを味わう方がよほど性に合った楽しい生活です」

そして二〇一六年五月、フランスのパリで宮大工として日本家屋の解体修理をしている息子を訪ねた。テロで一三〇人が亡くなった後のパリで、美術館始めどこに行っても持ち物検査やボディチェックがあり、百貨店を軍隊が小銃を持って守り、さらに異常な大雨でセーヌ川が氾濫して、ルーブルやオルセーの美術館も閉館となった。さらに労働法改悪に関する大規模なストライキがあり、電車も運休で困ったのだが、そのストライキの結果、フランスでも五〇パーセントの原発停止が勝ち取られた。

フランスの人たちと話しても、フランスが原発大国であることに、彼らは疑問を持っているようだった。ドイツではフランスの原発のせいで、という声をよく聞いたが、フランスでは「間違った政府の方針とアレヴァ社などの原子力産業」は困ったものだ、という声が聞かれた。

私は、原子力発電にはいくつかの点で反対である。

ひとつには、被曝労働を前提としていること。

トイレのないマンションというように、使用済み核燃料の始末の方法がないこと。

いったん過酷事故が起これば、放射能が大気中に、海中に流れ出て住民の生存権が失われ、人々は故郷を失い、その復旧はできないこと。近い地域の人々だけでなく、遠くの人々の健康も脅かすこと。さらには海洋流出によって、自国外にも迷惑をかけること。

さらに今回わかったことは、使用済み核燃料のプールが空中に浮いていることなど、軍事的に見ても大変危険であり、そこを狙われたら日本は終わりである。

経済学者によれば、今ある日本の原発すべてを廃絶するには天文学的費用が必要であり、それは電力会社のみで負担できるはずはなく、国家の経済を揺るがす。それをどのように負担していったらいいのか。このこともみんなで議論し、共有する必要がある。

加えて、日本のような火山と地震の多い国においては、振動によって発電装置の管が外れる危険もあり、実際福島原発でもそうであった可能性は高い。加えて津波によって非常用電源が破壊され、それに対して何らの対策を講じていなかったことも明らかになった。

これらは、物理や数学に疎くても、コモンセンス（常識）で考えれば分かることである。だから私は原発以外のエネルギーの道を探りたい。それを可能にする縮小と減速の暮らしを考え続けていきたい。


原発を止めるにしてもドイツも悩んでいる。本書では、原発問題だけでなく、できるだけ、普通のお宅にお邪魔して、ゴミの処理や資源ごみの収集、教育や労働にも触れてみた。ナチスの支配やその後の東西分断については少ししか触れる場所がなかった。多くの方たちにお世話になったが、そのお名前は本文中に示した。文責はすべて私にある。ドイツは数回旅をしたが、エネルギー問題で旅をしたのは初めてだ。通訳を通じて聞いた話には誤りがあるかもしれない。ご指摘があれば謙虚に受けとめ、さらに勉強をつづけたい。最初の旅費を出してくださったカタログハウス社と担当の神尾京子さん、編集してくれた晶文社の足立恵美さん、現地でお世話になった皆さんに感謝する。

廃炉への道は険しく、日本に原発を導入し、五四基も作り上げた人々、ことに技術者がこのままあの世に行ってしまったら、どうするのか。これからも原子力発電の研究、技術を持つ若い研究者の育成は欠かせないだろう。

また自分の国に作れないからといって、他の国にこれほど危険なものを売ろうということには、人を殺す武器の輸出とともに、到底肯定しがたいことである。そんなもので利潤を上げなくとも、別の仕方で幸せに生きる方法を日本人は模索できるのではないだろうか？

森まゆみ

二〇一六年七月一日

ドイツ脱原発年表

１９６８	ドイツでも学生運動が起こり、成長神話への疑問、いまの生き方への疑問、親の世代のナチス協力の追及が行われた。
１９６９	ライン川で農薬による水質汚染発生。
１９６９〜	ルール工業地帯における煤煙による大気汚染深刻。シュヴァルツヴァルトの木が枯れ始める。
１９７０	環境保護計画を発表。
１９７０年代	フライブルクでライン川沿いの原発への反対、ヴィールでも新原発に地元は賛成したが、周囲のワイン農家が反対。農民と学生、教師が協力して阻止。フランスのフェッセンアイムなどライン川沿いにつぎつぎ原発が作られ、偏西風でもし事故がおこったら風はこっちに来るという危機意識が芽生えた。
１９７２	ストックホルムでの国際環境会議でローマクラブ、「成長の限界」発表。資源は１００年以内に枯渇するという見通しを発表。
１９７６	最初の廃棄物法が成立。ドイツ環境保護連盟（ＢＵＮＤ）の成立。
１９７９	アメリカのスリーマイル原発で過酷事故。
１９８０	緑の党結成。
１９８６	ソ連チェルノブイリ原発事故。同じ時期、スイスのバーゼルでドイツの化学会社の倉庫で、火事によりライン川が汚染される。
１９８９	ベルリンの壁破れ東西ドイツ統合。
１９９０年代	キリスト教民主同盟（ＣＤＵ）コール政権にクラウス・テプファー環境大臣により、包装材のデュアル（二元）システムをつくる。缶やビンは自治体でなく、企業や流通業者が責任を持つシステムに。
１９９１	電力買取法成立。再生可能エネルギーの買い取り義務と価格を決めた。
１９９２	リオデジャネイロ国連環境会議の共同宣言「環境と開発に関するリオ宣言」「森林原則声明」の採択。「生物多様性条約」「気候変動枠組条件」署名。

1994	循環経済・廃棄物法。修理して長く使えるものを作れ、リサイクル、リユースできるものを、という流れができた。物理学者のアンゲラ・メルケルが第五次コール内閣の環境相として、テプファーの環境保護政策を見直す。ドイツ基本法（憲法に当たる）改正で環境保護を明文化。
1997	京都議定書採択。シェーナウ電力（EWS）が電力配給網を買い取る。
1998	CDU、前年のコール政権のヤミ献金問題で、歴史的な大敗。SPDのシュレーダー政権で緑の党が政権にはいり、原発廃止に向けて行動。電力供給自由化。
1998	土壌保全法。
1999	ドイツで環境税導入。
2000	アンゲラ・メルケル、CDU党首に。原発法で、32年経った老朽原発を廃止することに。しかし、裏では安全装置は高くつくから付けないでよい、など、電力会社との取引で骨抜きにされた。再生可能エネルギー法で2032年までに脱原発を目標とする。
2002	ヘルマン・シェアの提唱で、買い取り価格を定める再生可能エネルギー法成立。「ソーラーエネルギー経済」を提唱した。「太陽は請求書を送らない」という『第四の革命』を提唱。
2005	保守革新連立政権ができ、メルケルが首相に。
2007	ドイツのハイリゲンダムで第33回G8（主要国首脳会議）、2050年までに地球温暖化ガスの半減を真剣に検討するという合意。
2009	選挙でSPDが敗退、保守連立政権で老朽原発の稼動延長の脱脱原発に。メルケル政権はギリシア財政に支援し支持率低迷。
2010	脱脱原発で原発運転期間の大幅な延長を決定。
2011・3・11	東日本大震災、それに続く東京電力福島第一原子力発電所の事故。ドイツでは原発反対デモや集会が行われる。メルケル首相、3月14日に脱脱原発から再度脱原発に舵を切り、老朽原発稼働延長を凍結。2022年までに国内の原発をすべて閉鎖と発表。

参考文献

滝川薫他『100%再生可能へ！　欧州のエネルギー自立地域』学芸出版社、二〇一二年
村上敦『キロワットアワー・イズ・マネー――エネルギー価値の創造で人口減少を生き抜く』いしずえ新書、二〇一四年
今泉みね子『フライブルクのまちづくりソーシャル・エコロジー住宅地ヴォーバン』学芸出版社、二〇〇七年
松田雅央『ドイツ　人が主役のまちづくり――ボランティア大国を支える市民活動』学芸出版社、二〇〇七年
特集「ドイツ人の賢い暮らし」『考える人』二〇〇五年秋号
田口理穂『市民がつくった電力会社――ドイツ・シェーナウの草の根エネルギー革命』大月書店、二〇一二年
熊谷徹『ドイツ人が見たフクシマ――脱原発を決めたドイツと原発を捨てられなかった日本』保険毎日新聞社、二〇一六年
槌田敦『原子力に未来はなかった』亜紀書房、二〇一一年

＊その他、原発問題の本やヴィデオ多数を参考にしました。おすすめのドキュメンタリーは以下をあげておきます。
『ヒロシマの黒い太陽』渡邊謙一監督、NHK他共同制作、二〇一一年

NHKスペシャル『チェルノブイリ・隠された事故報告』七沢潔D、一九九四年
NHKスペシャル『ロシア　小さき人々の記録』鎌倉英也D、二〇〇一年
BSプレミアム『赤宇木』大森淳郎D、二〇一六年
『ドキュメントチェルノブイリ』高木仁三郎解説、原発パシフィックセンター、一九八七年、映像ドキュメント（http://www.eizoudocument.com/0618DVD002.html）参照
『シェーナウの想い』はユーチューブで公開されています。

著者について

森まゆみ（もり・まゆみ）

一九五四年生まれ。大学卒業後、ＰＲ会社、出版社を経て、一九八四年、仲間と地域雑誌『谷中・根津・千駄木』を創刊して、聞き書き三昧の二五年、記憶を記録に替えてきた。地域を歩き話を聞く中から『鷗外の坂』（中公文庫、芸術選奨文部大臣新人賞）、『「青鞜」の冒険』（平凡社、紫式部文学賞受賞）などの著書が生まれた。また「神宮外苑と国立競技場を未来へ手わたす」運動は記憶に新しいが、レンガの東京駅保存など、歴史のある建築物の保存にもつとめ、まちづくりにも携わってきた。『森のなかのスタジアム―新国立競技場暴走を考える』（みすず書房）、『東京遺産』（岩波新書）、『「谷根千」地図で時間旅行』（晶文社）などもある。元文化庁文化審議会委員として国の文化財の指定や登録にも関わる。現在、日本ナショナルトラスト理事。

環境と経済がまわる、森の国ドイツ

二〇一六年八月三〇日　初版

著者　森まゆみ

発行者　株式会社晶文社

〒一〇一―〇〇五一 東京都千代田区神田神保町一―一一

電話　〇三―三五一八―四九四〇（代表）・四九四二（編集）

URL　http://www.shobunsha.co.jp

印刷・製本　中央精版印刷株式会社

ISBN978-4-7949-6933-0 Printed in Japan

好評発売中

「谷根千」地図で時間旅行　森まゆみ

地域雑誌「谷根千」をつくってきた著者が、江戸から現代まで、谷根千が描かれた地図を追いながら、この地域の変遷を辿る。また、上野の博覧会の思い出を語る人、関東大震災、戦災を語る人、たくさんの人が町に暮らしていた。その古老たちが描いた地図、聞き取り地図も多数収録。

週末介護　岸本葉子

高齢の父は穏やかではあるが認知症。自分の家の近くに父のマンションをローンで購入。きょうだいや甥たちも集まり5年の介護の日々。仕事との両立、親の変化への覚悟、お下問題……親のことも自分の老後も気になる世代の「あるある」の日々と実感を、実践的かつ飄々と綴るエッセイ集。

気になる人　渡辺京二

熊本在住の、近くにいて「気になる人」、昔から知っているけどもっと知りたい「気になる人」をインタビューした小さな訪問記。彼らに共通するのは、スモールビジネスや自分なりの生き方を始めているということ。自分たちで、社会の中に生きやすい場所をつくるのだ。

平成の家族と食〈犀の教室〉　品田知美 編

和食はどれくらい食べられているか？　主婦はコンビニで食料を購入しているか？　男性は台所へ入っているか？　長期にわたって全国調査を行ってきた膨大なデータをもとに、平成の家族と食のリアルを徹底的に解明。日本の家族の健康と働き方と、幸福を考えるための1冊。

自死　瀬川正仁

日本は先進国のなかで、飛びぬけて自死の多い国である。それは、なぜなのだろうか。向精神薬の薬害、貧困、ギャンブル依存症など、複雑に絡み合う自死の問題点を読み解き、自死遺族会、医師、弁護士、宗教家など、多くの人びとを取材しながら、実態を明らかにする。

電気は誰のものか　田中聡

明治の日本、電気事業には、あらゆる男たちが参入し、村営や町営をめざす自治体も数多くあった。全国各地を吹き荒れた電灯争議。漏電火災への恐怖をあおる広報合戦……あたらしい技術とともに、既存の社会との齟齬は必ず生まれる。電気と日本社会の根源について論じた。

ローカル線で地域を元気にする方法　鳥塚亮

赤字ローカル線に公募でやってきた社長は、筋金入りの鉄道ファンにして、元外資系航空会社の運行部長。陸も空も知り尽くした「よそ者社長」の斬新なアイデアで活気を取り戻した。はたしてそのビジネスモデルの秘密とは？　地域とひとを元気にするヒントが満載の体験的地域ビジネス論。